Technology Business Management

Dr. Klaus Fochler, Anne Kuntzmann

Technology Business Management

Konzept und Tools für verursachungsgerechte
IT-Kostenzuordnung und Kostentransparenz

ISBN 978-3-00-059895-1

„**Technology Business Management ist ein Game Changer für die Führung von IT-Organisationen. Es bietet umfassende Planungs- und Steuerungsmechanismen und eine Basis für richtungsbestimmende Entscheidungen wie Make or Buy oder On-Premises versus Cloud. Damit werden IT-Entscheider zu Unternehmern bzw. zu strategischen Partnern der Unternehmensführung.**"

– Dr. Klaus Fochler

Inhalt

Liebe Leserinnen, liebe Leser!

Das IT-Budget eines deutschen Großkonzerns beziffert sich jährlich auf einen dreistelligen Millionenbetrag. Ein signifikanter Teil dieses Budgets wird, wie die Statistiken von Analysten wie Gartner, Forrester Research und IDC zeigen, für Betrieb, Wartung und Weiterentwicklung der bestehenden IT-Landschaft ausgegeben. Die Analyse der IT-Kosten und möglicher Einsparungen verspricht lohnende Beträge. Ebenso erstrebenswert ist es, die Kosten der einzelnen IT-Leistungen verursachungsgerecht zu bestimmen. Dann kann die Kostenverteilung auf die Fachbereiche möglichst nachvollziehbar erfolgen und die Preise gegenüber den externen Kunden einer IT-Organisation mindestens kostendeckend gestaltet werden.

> **Die Disziplin des Technology Business Management hilft bei der Analyse und verursachungsgerechten Bestimmung von IT-Kosten. Sie erschließt Optimierungspotenziale und vermeidet ungerechte Kostenverteilungen.**

Die Sinnhaftigkeit dieser Zielsetzungen leuchtet ein. IT-Organisationen tun sich in der Umsetzung jedoch schwer. Wo beginnt man? Wie funktioniert die Analyse von IT-Kosten? Wie lassen sich daraus Erkenntnisse gewinnen? Wie kann ein solches Analyseverfahren gar automatisiert werden?

Die Produkte und Kostenträger einer IT-Organisation sind die von ihr angebotenen IT-Services. Die Strukturierung der IT-Leistungserbringung nach IT-Services hat sich als grundsätzliche Denkweise etabliert. Ein IT-Service stellt eine Kombination aus Hardware, Software und menschlicher Leistung dar, die denjenigen, für die sie erbracht wird, Nutzen stiftet.

IT-Organisationen haben sich in den letzten Jahren bemüht, die von ihnen zu beziehenden IT-Services in Servicekatalogen zu publizieren. Das ist erfreulich und beantwortet eine Kernfrage: „Welche IT-Leistungen erbringt unsere IT-Organisation?" Die verursachungsgerechte Bestimmung der Kosten wird dabei meist unzureichend bedient. Dabei ist diese ebenso bedeutsam.

Die vorliegende Publikation befasst sich mit der vor zehn Jahren etablierten Disziplin des Technology Business Management (TBM). TBM bietet ein umfassendes Management-System zur unternehmerischen Führung eines Technology Business bzw. einer IT-Organisation. Es dient IT-Entscheidern als Werkzeug und ist in seiner Bedeutung vergleichbar mit dem Customer Relationship Management für Marketing-, Vertriebs- und Service-Organisationen. TBM betrachtet Kosten und Wert von IT-Leistungen, z. B. durch Gegenüberstellung verursachungsgerecht ermittelter Vollkosten mit der Wertschöpfung von IT-Services. IT-Organisationen, die TBM meistern, haben Vorteile.

Sie können

- sich am Markt besser positionieren, weil sie wissen, welche ihrer IT-Services wettbewerbsfähig sind,
- ihren Nutzern und Kunden nachvollziehbar erläutern, wie sich die Kosten bzw. Preise für ihre IT-Services begründen.

1

„Welche IT-Services können wir besser oder günstiger als andere IT-Organisationen erbringen? Welche IT-Services sollten wir extern beziehen?"

Als IT-Managementberatung hat sich Dr. Fochler & Company auf die Positionierung, Transformation und Optimierung von IT-Organisationen spezialisiert. Die verursachungsgerechte Bestimmung der IT-Kosten ist dabei eine zentrale Aufgabe. Deshalb befassen wir uns mit geeigneten Methoden und unterstützenden Tools. Mit dieser Publikation bieten wir interessierten IT-Managern, IT-Controllern und IT-Service-Managern einen schnellen Einstieg in das Konzept des Technology Business Management. Wir sind davon überzeugt, dass es die Kosten- und Leistungsrechnung im IT-Bereich auf das nächste Level hebt. Wir wünschen Ihnen eine aufschlussreiche und hilfreiche Lektüre. Über Ihre Anregungen und Ihr Feedback würden wir uns freuen. Schreiben Sie uns an team@fochler.com.

Wir bedanken uns bei Matthias Herberg, Ali Schaffer, Dirk Schneider und Sven Schrade von Apptio, Inc. für deren freundliche Unterstützung.

Beste Grüße,

Dr. Klaus Fochler
Managing Partner

Anne Kuntzmann
Consultant

Management Abstract

Die Bestimmung der verursachungsgerechten Kosten und daraus abgeleitet des Preises eines IT-Services erweist sich für IT-Organisationen als Herausforderung. Ähnlich schwierig ist die Bestimmung seines Nutzens für seine Konsumenten bzw. seines Beitrags zum Unternehmenswert. Dabei sind diese Informationen von enormer Bedeutung für die Positionierung und die unternehmerische Zukunft einer IT-Organisation. Bei fehlender Transparenz werden Entscheidungen ohne ausreichende Grundlage getroffen.

Die Disziplin des Technology Business Management (TBM) befasst sich mit dem Management von IT-Organisationen. Die Basis bilden die Bestimmung verursachungsgerechter Kosten und deren Gegenüberstellung mit dem Wert der erzeugten IT-Leistungen. TBM stammt aus den USA und ist dort sichtbar erfolgreich. Das Konzept wird unter der Koordination des TBM Council gepflegt – einer mittlerweile über 5.800 Mitglieder zählenden und inzwischen auch in Europa etablierten Organisation für IT-Führungskräfte.

TBM ist eine Erweiterung des IT Financial Management (ITFM). TBM und ITFM sind im angelsächsischen Sprachraum etablierte Konzepte der Kosten- und Leistungsrechnung (KLR) für IT-Organisationen. Im deutschen Sprachraum hat sich der Begriff der IT-Leistungsverrechnung etabliert.

Im Zentrum des TBM-Konzepts steht die TBM Taxonomy: Eine Struktur, in der IT-Services aufeinander aufbauen. Als Kaskade von IT-Services repräsentiert die TBM Taxonomy eine generische IT-Wertschöpfungskette. Sie ermöglicht eine an den IT-Services ausgerichtete KLR und bietet zudem die Möglichkeit eines Benchmarkings – also des organisationsübergreifenden Vergleichs – der Leistungsfähigkeit einzelner IT-Organisationen.

Mittels der TBM Taxonomy können Kosten für IT-Services verursachungsgerecht bestimmt und Leistungen korrespondierend zugeordnet werden. Das Verfahren lässt sich mit den am Markt verfügbaren Tools unterstützen. Die vorliegende Publikation listet die bekanntesten Tools und kategorisiert diese nach ihren Einsatzschwerpunkten.

Eines der Tools stammt von der Firma Apptio und wird unter Verwendung von Business-Intelligence-Technologien als Software-as-a-Service angeboten. Mit dem Apptio Tool lassen sich u. a. IT-Kosten über ein mehrstufiges Verfahren zunächst Kostenarten und Kostenstellen und schließlich den IT-Services als Kostenträgern bzw. den nutzenden Fachbereichen zuordnen. Die Zuordnung erfolgt über eine an der Prozesskostenrechnung orientierte Methodik. Mit der Zielsetzung einer möglichst verursachungsgerechten Zuordnung der IT-Kosten werden für die Verteilung der Gemeinkosten geeignete Kostenschlüsselungsverfahren eingesetzt. Das Verfahren berücksichtigt auch die Kosten externer Cloud Services. Es unterstützt sowohl die Entscheidung, ob und welche IT-Services von Cloud-Services-Anbietern bezogen werden sollen, als auch die Kontrolle und Optimierung der Cloud Kosten.

Mittels der im Apptio Tool abgebildeten Verfahren wird ein mehrdimensionales Datenmodell mit Kosten- und Leistungsinformationen aufgebaut: Das Apptio TBM Unified Modell, kurz ATUM. ATUM dient als Basis für zahlreiche zielgruppengerechte Auswertungen, die in Form eines Dashboards und als Reports präsentiert werden.

Die vorliegende Publikation verdeutlicht die Erkenntnisse, die sich mit TBM für das Management einer IT-Organisation generieren lassen, und erklärt, wie das Konzept mittels geeigneter Tools umgesetzt werden kann. Am Ende wissen Sie, wie TBM funktioniert und wie es implementiert wird.

Was ist Technology Business Management?

Die Disziplin des Technology Business Management (TBM) wird durch das TBM Council gepflegt (www.tbmcouncil.org). TBM verfolgt u. a. das Ziel, Transparenz über IT-Kosten und IT-Leistungen zu schaffen. Dem ersten Anschein nach geht es um IT-Controlling bzw. die KLR für IT-Organisationen. Die Wikipedia-Definition beschreibt die Aufgaben der KLR wie folgt: „Hauptaufgabe der KLR ist der Nachweis des Werteverzehrs von betriebswirtschaftlichen Produktionsfaktoren bezogen auf die Wertschöpfungskette in einer Rechnungsperiode." Die im Fokus dieser Definition stehenden Begriffe lassen sich in Bezug auf IT-Leistungen wie folgt interpretieren:

- Produktionsfaktoren: Die Produktionsfaktoren zur Erbringung von IT-Services sind Hardware, Software und menschliche Arbeitskraft.
- Wertschöpfungskette: IT-Services können aufeinander aufbauend organisiert werden, z. B. dient ein Virtualisierungs-Service einem Betriebssystem-Service und dieser wiederum einem Datenbank-Service usw. Diese Kaskade an Vorleistungen und stufenweiser Veredelung bildet eine IT-Wertschöpfungskette.

Ungeachtet der Begriffe – ob TBM oder IT-Controlling – stehen diese sich in ihren Zielen in nichts nach. Es geht um die

- wechselseitige Abstimmung der Unternehmensziele mit den IT-Zielen und der Unternehmensstrategie mit der IT-Strategie,
- Wirtschaftlichkeitsbeurteilung von IT-Investitionen und IT-Einsatz,
- Kalkulation von IT-Kosten und IT-Leistungen.

Interessanterweise wird der im deutschen Sprachraum etablierte Begriff des IT-Controlling, obgleich angelsächsischen Ursprungs, im englischen Sprachraum so nicht verwendet. Dort wird die KLR für IT-Organisationen unter Begriffen wie IT Financial Management (ITFM) oder eben TBM diskutiert. Die im englischen Sprachraum verwendeten Begriffe ITFM und TBM bauen aufeinander auf.

ITFM wird im ITIL-Standard als „Financial Management for IT-Services" (ITIL Service Strategy) diskutiert. Es befasst sich mit der

- Kostenschätzung und Budgetierung,
- Kontierung und Verrechnung,
- Varianzanalysen, d. h. Gegenüberstellung von Budget und tatsächlichen Kosten.

> „ITFM tools are IT-owned and managed financial solutions that provide IT leaders with total cost data in a logical cost structure, with analytics to support strategic IT decision making, financial planning, budget justification, charge-/show-back and performance analytics, with strong benchmarking and measurement capabilities."
>
> – Gartner

In der Praxis ernüchtert die Aussagekraft der ITFM-Ergebnisse meist. Dies gilt insbesondere dann, wenn sie wenig hilfreiche Aussagen liefern, zum Beispiel zum

Anteil der IT-Ausgaben am Unternehmensumsatz. Selbst wenn eine solche Kennzahl auf einzelne Technologien heruntergebrochen wird, fehlt der Bezug zu den IT-Services als Kostenträgern und die Möglichkeit eines organisationsübergreifenden Vergleichs, da die Abgrenzungen zwischen den einzelnen IT-Organisationen variieren.

Dieser Schwäche von ITFM nimmt sich TBM an und hebt die KLR für IT-Organisationen auf die nächste Stufe. TBM kann als Weiterentwicklung von ITFM verstanden werden. TBM erklärt, wie die einzelnen IT-Services zu den Unternehmenszielen und zur Wertschöpfung des Unternehmens beitragen. So wird gewährleistet, dass die „richtigen" IT-Services implementiert bzw. weiterentwickelt werden. Die Transparenz über die Kosten der einzelnen IT-Services sensibilisiert deren Konsumenten hinsichtlich ihrer Nachfrage. Es kommt zum „Alignment" – also der wechselseitigen Ausrichtung der IT-Organisation mit ihren Kunden.

Verursachungsgerechte Zuordnung von IT-Kosten

Eine wichtige Fragestellung in diesem Kontext lautet: Welche Kosten werden für den Erhalt, d. h. für Betrieb und Wartung bestehender IT-Services (Run Cost) gegenüber der Implementierung neuer, innovativer IT-Services aufgewendet? Die Frage ist brisant, denn das Verhältnis der Run Costs gegenüber den Innovationsinvestitionen ist in vielen Unternehmen aus Sicht der Unternehmensführung und der Fachbereiche ungünstig. Nach deren Einschätzung wird zu viel für den Erhalt des Status Quo ausgegeben und zu wenig für Innovationen. TBM schafft Transparenz durch Messung. Auf dieser Basis können Optimierungen vorgenommen werden.

Solche Optimierungen ergeben sich u. a. im Kontext des aktuellen Megatrends der Cloud Services. Kenntnisse über die Kosten der eigenen IT-Services helfen einer IT-Organisation, fundierte Entscheidungen über den Einkauf externer Cloud Services zu treffen. Damit wird IT-Entscheidern klar, ob und welche IT-Services am Markt kostengünstiger bezogen als durch ihre eigene IT-Organisation in Eigenleistung erbracht werden können. Die Ermittlung kostengünstigerer Alternativen ermöglicht Kosteneinsparungen. In einigen Fällen ergibt sich dadurch auch eine Verlagerung von Investitionskosten, wenn z. B. statt des Aufbaus eigener IT-Infrastruktur Cloud Services kontrahiert werden, die als laufende Betriebskosten klassifiziert werden können. Dies führt zu Gestaltungsmöglichkeiten bei der Gewinn- bzw. Verlustermittlung eines Unternehmens. Solche Informationen tragen mitunter enormes Effizienzpotenzial und sind entsprechend wertvoll. Das ist ein weiteres Argument dafür, dem Thema mehr Aufmerksamkeit zu schenken.

Wenn es gelingt, entstandene Kosten den einzelnen IT-Services und letztlich deren Konsumenten nicht nur verursachungsgerecht, sondern ohne signifikante zeitliche Verzögerung zuzuordnen, ergeben sich weitere echte Wettbewerbsvorteile. Es wird eine schnelle Reaktion auf Marktveränderungen bzw. eine kurzfristige Beurteilung von Alternativen ermöglicht. Zumindest die Informationslage zur Entscheidung für ein schnelles On- und Off-Boarding externer Leistungen wäre geebnet. Wenngleich ein Szenario, in dem IT-Leistungen kurzfristig extern vergeben bzw. wieder unternehmensintern übernommen werden können, mit Hinblick auf immer noch recht hohe Migrationsaufwände heute mehr Vision denn Realität ist, würde dabei sicherlich manch angestaubter Abschnitt der IT-Wertschöpfungskette aufgerüttelt. Konkurrenz belebt das Geschäft.

TBM hat die ITFM-Ziele aufgegriffen und verfeinert. Ergänzend zu den Zielen und der Methodik des ITFM stellt TBM eine generische Wertschöpfungskette der IT-Services bereit, die die Zustimmung zahlreicher IT-Entscheider findet. Diese generische Wertschöpfungskette wird vom TBM Council als Taxonomy bezeichnet.

Eine Taxonomie (altgriechisch Ordnung) ist ein einheitliches Verfahren oder Modell, mit dem Objekte nach Kriterien klassifiziert, das heißt in Kategorien oder Klassen eingeordnet werden.

Die Taxonomy dient der Einordnung von IT-Objekten in ein zuvor festgelegtes Schema. Ihr primäres Ziel liegt in der Schaffung von Ordnung durch Kategorisierung. Die Objekte der TBM Taxonomy erstrecken sich über die Kostenarten, Kostenstellen und Kostenträger. In der Sprache der TBM Taxonomy sind dies:

- Cost Pools: Kostenarten des IT-Bereichs, z. B. Personalkosten, Sachkosten, Investitionskosten (Abschreibungen).

- IT Towers (synonym: IT Resource Towers): Kostenstellen des IT-Bereichs, insbesondere an Technologien oder Steuerungsaufgaben ausgerichtete IT-Organisationseinheiten.

- IT-Services: Kostenträger des IT-Bereichs. IT-Services werden aus den Leistungen der IT Towers oder anderen IT-Services zusammengesetzt.

Die Taxonomy zeigt auf, wie die Kostenarten mit den einzelnen Kostenstellen und den Kostenträgern im Rahmen der IT-Wertschöpfungskette verbunden sind. Über die TBM Taxonomy wird u. a. verdeutlicht, wie

- Kostenarten den einzelnen IT Towers, von dort den IT-Services und schließlich den Kunden oder Nutzern der IT-Services weiterverrechnet werden können,

- IT-Services aus IT Towers oder anderen IT -Services zusammengesetzt werden,

- IT-Services aufeinander aufbauen und als Vorleistung in nachgelagerten IT-Services aufgehen bzw. zu solchen veredelt werden.

Die TBM Taxonomy verdeutlicht die IT-Wertschöpfungskette und stellt den Kostenfluss innerhalb dieser Wertschöpfungskette dar. Damit gelingt neben der KLR auch die Planung zukünftig notwendiger Budgets und der unternehmensübergreifende Kostenvergleich. Letzteres wird als Benchmarking bezeichnet. Die TBM Taxonomy kann zwar grundsätzlich unternehmensspezifisch angepasst werden. Es empfiehlt sich, die Notwendigkeit solcher Anpassungen auf den Ebenen der Cost Pools und der IT Towers genau abzuwägen, weil sie das Benchmarking erschweren, das auf diesen Ebenen durchaus sinnvoll und gut umsetzbar ist. Auf der darüberliegenden Ebene der Services sind unternehmensspezifische Anpassungen üblich und ein Benchmarking folglich nur noch entsprechend eingeschränkt möglich.

Die TBM Taxonomy verbindet die Sicht der Finanzbuchhaltung (Finance Layer) mit der Sicht der einzelnen IT-Organisationseinheiten (IT Layer) und der Sicht der Kunden bzw. Nutzer (Business Layer) – und das in Echtzeit. Sie versorgt die unterschiedlichen Entscheider im Unternehmen in konsistenter Weise mit Informationen zu Kosten und Wert der IT-Services. Dadurch wird nicht nur die Kommunikation zwischen diesen Rollen über komplexe Technologieentscheidungen oder Sourcing-Vorhaben, sondern auch die Agilität in der Entscheidungsfindung und letztlich die Ausrichtung der IT-Leistung an den Unternehmenszielen gefördert.

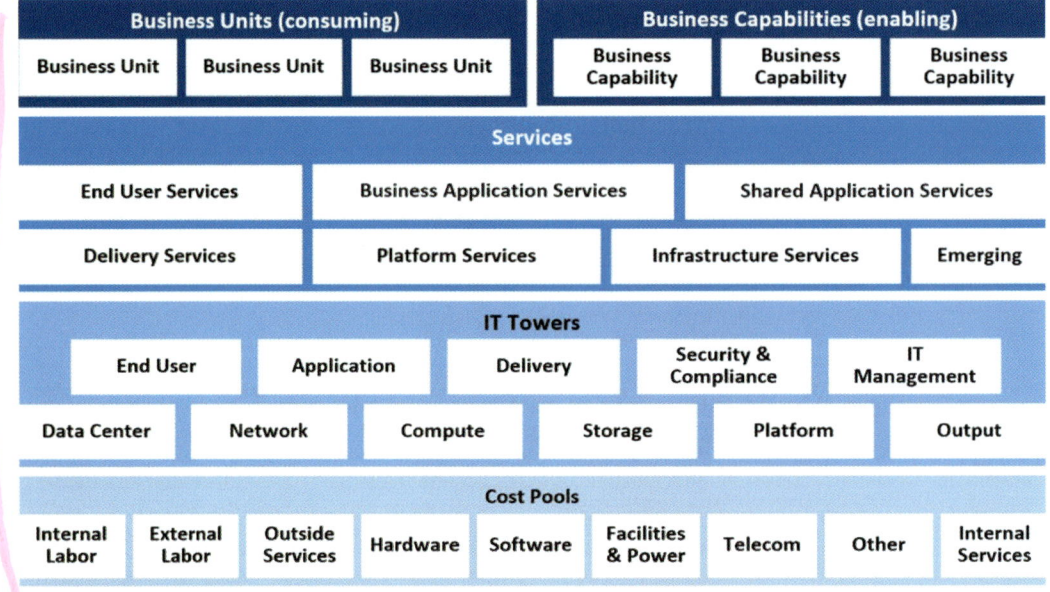

Tabelle 1: Übersicht der TBM Taxonomy, Version 3.0, Quelle: TBM Council (2018)

Kosten und Wertbeitrag der IT

TBM erhebt den Anspruch, nicht nur die Kosten der IT-Leistungen zu betrachten, sondern auch deren Wert für die Kunden der IT-Organisation. Das ist schwierig. Dennoch ist eine Gegenüberstellung von Kosten und Wert von IT-Leistungen sicherlich eine Kernaufgabe für jeden IT-Entscheider, der unternehmerisch agieren möchte. Das TBM-Konzept bleibt jedoch ungenau in Bezug darauf, wie die Wertermittlung erfolgen kann. Es verweist auf die Verwendung von Kennzahlen aus dem IT-Service-Management (ITSM). Eine Art der Wertermittlung könnte demnach auf Basis der Mengen an ITSM-Prozessinstanzen in Verbindung mit vereinbarten Service Levels erfolgen. Beispiele derartiger Wertdarstellungen sind die Anzahl an

- erfolgreich gelösten Incident Tickets oder
- erfolgreich ausgeführten Deployments neuer Software Releases

jeweils bezogen auf einen bestimmten Zeitraum und im Vergleich zum vereinbarten Service Level. Eine solche Ermittlung des Wertes von IT-Leistungen verdeutlicht zwar den Erfolg von ITSM-Leistungen, aber bei Weitem nicht den Wert eines IT-Services.

Der ITIL-Standard erkennt dies: „Service management by itself does not provide any of the tactical benefits that business managers typically budget for", und schlägt hinsichtlich der Wertermittlung eine direkt am Kundennutzen orientierte Bemessung vor. Diese wird typischerweise im Vorfeld eines Investments in einen neuen IT-Service erstellt. Die hierzu verwendeten finanzmathematischen Verfahren, der Return on Investment (ROI) oder der interne Zinsfuß einer Investition bestimmen den Wert eines IT-Services für dessen Kunden bzw. Konsumenten. Das

TBM-Konzept unterbreitet eine ergänzende Sicht, wie der Wert der IT-Leistungen deren Kosten gegenübergestellt werden kann. Die Ausgangsbasis von TBM liegt in der Kostenermittlung, -verrechnung und -transparenz. TBM hat erkannt, dass die Gegenüberstellung von Kosten und Wert essenziell ist. Das Vorgehen zur Integration des Werts der IT-Services kann noch verbessert werden.

> **Von Nutzen und Wert: „Wasser besitzt großen Nutzen, aber geringen Wert, die Menge des vorhandenen Wassers ist nämlich im Verhältnis viel größer als die Nachfrage danach. Diamanten haben zwar einen geringen Nutzen, aber einen großen Wert, da die Nachfrage nach Diamanten viel größer als ihre angebotene Menge ist."**

> – John Law, Money and Trade Considered

In der vorliegenden Publikation werden die Begriffe Nutzen und Wert zwecks sprachlicher Vereinfachung synonym verwendet. Es wird zudem unterstellt, dass ein IT-Service, der einem Unternehmen einen hohen Nutzen bietet, auch einen entsprechend hohen Beitrag zum Wert eines Unternehmens leistet.

TBM-Zielgruppe

TBM ist ein Orientierungsrahmen für Führungskräfte und Entscheider im engeren und erweiterten Bereich einer IT-Organisation. Die durch TBM erzielbaren Erkenntnisse unterstützen die einzelnen Führungsrollen jedoch in unterschiedlicher Weise. Eine grundlegende Voraussetzung ist, dass TBM toolgestützt und weitestgehend automatisiert ausgeführt wird. Nur so kann gewährleistet werden, dass führungsrelevante Informationen konsistent berechnet und aktuell bereitgestellt werden.

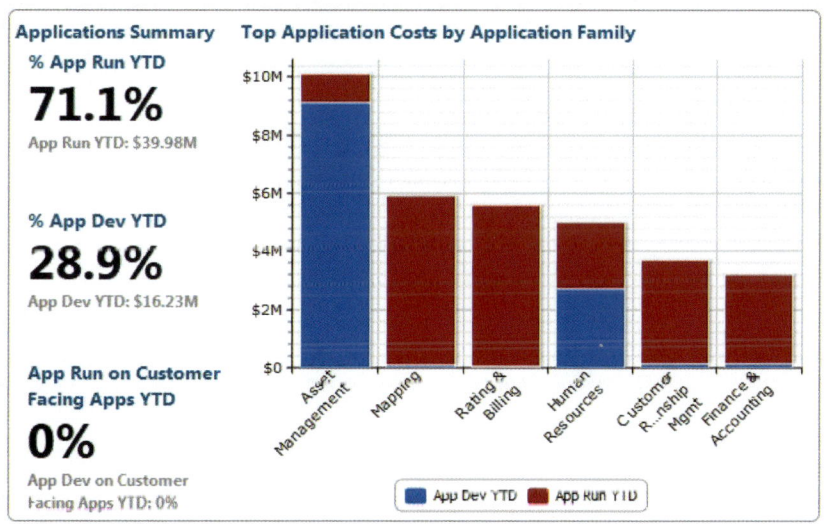

Tabelle 2: Zielgruppengerechte Kostenschlüsselung, Development vs. Run, Quelle: Apptio (2106c)

CIOs und IT-Abteilungsleiter

CIOs und IT-Abteilungsleiter erhalten eine aussagekräftige Darstellung über das Verhältnis von Run Costs und Innovationsinvestitionen. Damit werden folgende Fragen beantwortet:

- Was kosten Betrieb und Wartung bestehender IT-Services?
- Wie viel Neues, Innovatives schaffen wir?

Sie erhalten Anregungen dazu, wie die Nachfrage nach IT-Leistungen besser gesteuert werden kann, u. a. auch zur Reduktion der Nachfrage nach IT-Services, die ein schlechtes Kosten-Nutzen-Verhältnis haben. Beispiele dafür sind IT-Services mit sogenannten End-of-Life-Technologien, deren Wartung prohibitiv teuer geworden ist, ohne dass der Nutzen dieser IT-Services in gleichem Maße gesteigert worden wäre.

Es wird möglich, eine Abschätzung darüber zu geben, wie sich Investitionskosten (sogenannte CapEx) durch die Verlagerung bestehender IT-Services auf externe Cloud Services reduzieren und Betriebsausgaben (sogenannte OpEx) erhöhen. Unter Verwendung spezifischer Tools wird das Best Practice Sharing – also ein Benchmarking – ermöglicht, sodass IT-Entscheider ihre eigene Situation im Vergleich zu anderen IT-Organisation einschätzen können.

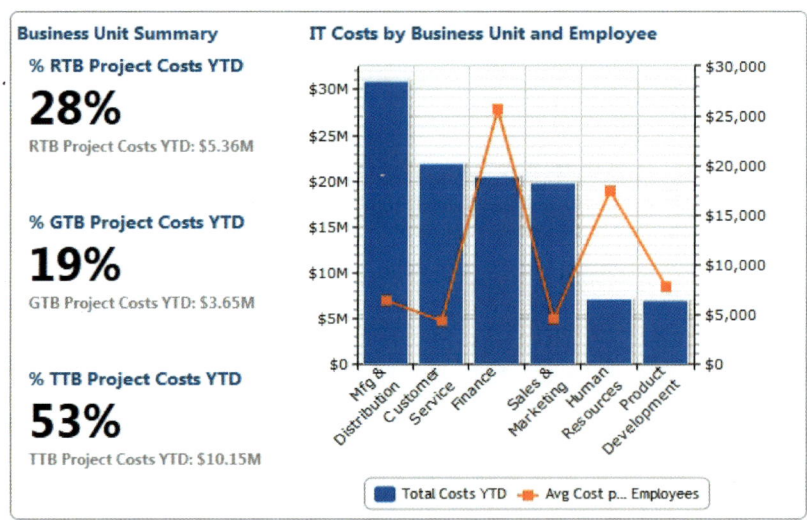

Tabelle 3: Zielgruppengerechte Kostendarstellung, IT-Projektkosten je Business Unit, Quelle: Apptio (2106c)

Business Relationship und Account Manager

Business Relationship und Account Manager des IT-Bereichs können den Kunden und Nutzern des IT-Bereichs bzw. der IT-Services eindrucksvoll darlegen, welche IT-Services die IT-Kosten in die Höhe treiben. Auf dieser Basis führen sie zielführende Gespräche zur Verwendung gleichwertiger Alternativen und zur mittelfristigen Kostenreduktion. Sie können die Gesamtbudgets aller Innovationsprojekte darlegen und den Kunden damit einen Überblick über die monetären Aspekte einer Innovationsstrategie präsentieren.

Die aus Kundensicht bedeutendsten IT-Projekte können hinsichtlich Budgetverfüg-barkeit, bisheriger tatsächlicher Budgetverwendung und voraussichtlichem Budgetbedarf bis zum Projektende regelmäßig und mit aktuellen Werten dargelegt werden.

Service und Application Manager

Service und Application Manager erhalten eine Darstellung der bisherigen Budget-verwendung und können zukünftige Budgetbedarfe mittels Extrapolation und Trendanalysen leichter ableiten. Sie können den Nutzungsgrad der einzelnen Ap-plikationen besser erfassen und erkennen, welche Parameter die Applikationskos-ten besonders stark beeinflussen.

Verantwortliche für den operativen IT-Betrieb

Das TBM-Konzept ermöglicht es den Verantwortlichen für den operativen IT-Be-trieb, den Verbrauch technologischer Kapazitäten ad hoc monetär zu quantifizieren und den Verbrauchern (z. B. den Infrastrukturservices wie Storage, Network und Compute) zuzuordnen. Dieser Personenkreis trägt meist auch die Verantwortung für die Nutzung externer Cloud Services. Die Kosten dafür können aufgrund typi-scher, nutzungsabhängiger Preisgestaltungen der Cloud-Anbieter leicht außer Kontrolle geraten. Das TBM-Konzept berücksichtigt Cloud Services in der Taxo-nomy, sodass die Verantwortlichen für den operativen IT-Betrieb zeitnahe Analy-sen zur Nutzung externer Cloud Services bzw. den damit verbundenen Kosten er-halten. Damit können Missstände rechtzeitig erkannt und mit entsprechenden Ge-genmaßnahmen bereinigt werden.

IT-Controller

IT-Controller erhalten durch die TBM Taxonomy einen Überblick über die IT-Wert-schöpfungsprozesse und die Möglichkeit einer verursachungsgerechten Schlüsse-lung der IT-Kosten auf den unterschiedlichen Ebenen der IT-Wertschöpfungskette. Sie können die Kosten gegenüber den Nutzern der IT-Services besser darlegen (showback) und eine bessere Akzeptanz für die Entlastung der Kostenstellen (chargeback) erreichen. Zudem werden die Möglichkeiten von Kostenanalysen in Echtzeit deutlich verbessert. Dies wird möglich, da die regelmäßigen Datenverar-beitungsprozesse, d. h. das Laden von Kosten- und Leistungsdaten aus unter-schiedlichen Datenquellen, deren semantische Angleichung und Transformation sowie die Kostenverteilung toolgestützt automatisiert werden können.

Externe und in die eigene IT-Wertschöpfungskette eingebundene Services, insbe-sondere Cloud Services, werden vollständig in der KLR berücksichtigt. Es besteht die Möglichkeit zeitnaher Kostenvergleiche zwischen extern bezogenen und intern erbrachten IT-Services.

Grundzüge der Kostenrechnung

Um TBM zu verstehen, muss der Ursprung dieses Konzepts berücksichtigt werden. TBM stammt aus den USA. Das Verständnis dieses Konzepts birgt zunächst begriffliche Hürden. Darin liegt u. a. der Grund, warum sich das TBM-Konzept im angelsächsischen Sprachraum deutlich schneller als im deutschen Sprachraum verbreitet.

Es ist bereits schwierig genug, die KLR für IT-Organisation im deutschen Sprachraum zu verstehen. Das TBM-Konzept verlangt zudem den begrifflichen Transfer von den angelsächsischen auf die deutschen Begriffe und Definitionen.

Für die Experten des IT-Bereichs und deren Kunden ist dies verständlicherweise schwierig, wenn diese nicht über umfassende betriebswirtschaftliche Vorkenntnisse verfügen. Wir wollen diese nicht voraussetzen. Notwendig sind sie dennoch, wenn die TBM-Vorgehensweise nicht nur von den IT-Controlling-Experten verstanden werden soll. TBM hat wohlgemerkt den Anspruch, die Sichten des Finanzbereichs, des IT-Bereichs und der Fachbereiche zu verbinden. Diesem Anspruch wollen wir mit der vorliegenden Publikation ebenfalls gerecht werden.

Nachfolgend erklären wir die im deutschen Sprachraum verwendeten Begriffe der KLR und stellen, soweit möglich, eine Verbindung zu den Objekten des IT-Bereichs her. Dies dient als Vorbereitung für das Verständnis des TBM-Konzepts.

Variable und fixe Kosten

Unter Kosten wird der bewertete Verbrauch von Ressourcen, z. B. für die Erstellung von IT-Services, verstanden. Kosten werden grundsätzlich mit dem Ressourcenverbrauch benannt. Es ist mitunter schwierig, die wahren IT-Kosten zu ermitteln, wenn sich neben der offiziellen IT-Organisation noch eine parallele Welt – eine sogenannte „Schatten-IT" – etabliert hat. Die „Schatten-IT" umfasst IT-Leistungen, die nicht sofort als solche erkennbar sind und nicht korrekt erfasst werden.

> **Ein Fall von Schatten-IT: Eine Marketing-Abteilung lässt ihre Website-Inhalte durch ein externes Dienstleistungsunternehmen überarbeiten und in diesem Kontext auch umfassende Programmierarbeiten durchführen, die nicht als solche deklariert werden.**

Variable Kosten sind dadurch gekennzeichnet, dass bei steigender bzw. sinkender Menge an erstellten IT-Leistungen und entsprechend höherem bzw. geringerem Ressourcenverbrauch auch die Kosten steigen bzw. sinken. Unter Bezug auf ein bestimmtes Leistungsvolumen und die dazugehörigen Kosten werden die zusätzlichen Kosten, die bei Erhöhung des Leistungsvolumens um eine Einheit entstehen, als Grenzkosten bezeichnet.

Bei fixen Kosten ist der Ressourcenverbrauch unabhängig von der erstellten Leistungsmenge und schwankt im Zeitverlauf kurzfristig nicht. Fixe Kosten sind in IT-Organisationen weit verbreitet, da die Leistungsfähigkeit mittel- oder gar langfristig vereinbart und vorrätig gehalten wird. Dies ist z. B. bei der Ausführung von IT-Betriebsaufgaben durch ein externes Dienstleistungsunternehmen der Fall, wenn diese durch eine pauschalierte Vergütung (monatliche Fixpreise) abgerechnet und über mehrere Jahre vereinbart wurden.

Direkte Kosten und Gemeinkosten

Direkte Kosten können einem Objekt, insbesondere einem IT-Service, direkt zugeordnet werden, wenn kein anderes Objekt diese Kosten verursacht hat. Dies ist zum Beispiel der Fall, wenn spezifische Software-Lizenzen ausschließlich für einen betrachteten IT-Service erworben wurden und darüber hinausgehend von keinem anderen IT-Service verwendet werden. Die Begriffe der direkten Kosten und der Einzelkosten werden synonym verwendet.

Kosten, die von mehreren IT-Services verursacht werden, sind keine direkten Kosten und werden stattdessen als indirekte Kosten oder Gemeinkosten bezeichnet. Dies ist zum Beispiel bei den Kosten für das Rechenzentrum oder den darin verwendeten Netzwerkkomponenten der Fall. Gemeinkosten entstehen immer dann, wenn Leistungen oder Objekte auf nachgelagerten Ebenen einer Wertschöpfungskette durch mehrere nachgelagerte Leistungen oder Objekte genutzt werden. Diese Kosten müssen ihren Verursachern nach einem Verteilungsverfahren zugeordnet werden. Solchen Kostenverteilungen liegen meist bestimmte Annahmen zugrunde, sie sind im strengen Sinne daher nicht vollständig verursachungsgerecht. Sie erfolgen mehr oder weniger willkürlich.

Die verursachungsgerechte Zuordnung ist für direkte Kosten möglich. Für Gemeinkosten ist sie schwer möglich, da diese über Schlüsselungsverfahren zugeordnet werden, die meist nicht vollständig verursachungsgerecht sind. Es gilt zu beachten, dass Kosten eventuell auf einer niedrigen Stufe der Wertschöpfungskette als Gemeinkosten klassifiziert werden müssen, weil sie dort keinem Kostenträger vollständig zugerechnet werden können. Es kann sich aber ergeben, dass diese Kosten auf einer höheren Ebene der Wertschöpfungskette dann zu direkten Kosten werden, weil sie den dortigen Kostenträgern vollständig verursachungsgerecht zugeordnet werden können.

Kostenarten, Kostenstellen und Kostenträger

Kostenarten dienen der Kategorisierung von Kosten nach der Art der verbrauchten Ressourcen. Einer Kostenart werden Kosten zugeordnet, die aus dem Verbrauch derselben Ressourcen bzw. Ressourcengruppe entstanden sind. Im Fokus der Kostenartenrechnung steht also die Ermittlung der Verbrauchsmenge der jeweiligen angefallenen Kosten. Beispiele für Kostenarten sind Personalkosten oder Energiekosten. Kostenstellen kategorisieren Kosten danach wo, also in welcher Organisationseinheit oder geographischen Lokation, die Kosten entstanden sind. Kostenträger sind die kostenverursachenden Objekte. Im Kontext des IT-Controllings sind dies insbesondere die IT-Services. Durch die Kostenträgerrechnung können die Gesamtkosten eines IT-Services ermittelt werden. Die Genauigkeit des hierbei ermittelten Kostenwerts hängt u. a. von der verursachungsgerechten Schlüsselung der Gemeinkosten ab.

> Die KLR ordnet Kosten anhand von drei Fragen: Welche Kosten (Kostenart) fallen an welcher Stelle (Kostenstelle) und für welche Leistung (Kostenträger) an?

IT-Kosten können Kostenarten und Kostenstellen meist auf einfache Art zugeordnet werden. In einzelnen Fällen gelingt auch eine direkte Zuordnung zu spezifischen Kostenträgern, z. B. IT-Services. Dies kann aber nur gelingen, wenn es sich dabei um Einzelkosten handelt. Typischer ist jedoch, dass es sich bei IT-Kosten um Gemeinkosten handelt. Diese müssen über ein Kostenzuordnungs- bzw. Schlüsselungsverfahren auf mehrere diese Kosten verursachende Kostenträger verteilt werden. Die Definition möglichst verursachungsgerechter Schlüsselungsverfahren stellt eine Herausforderung dar.

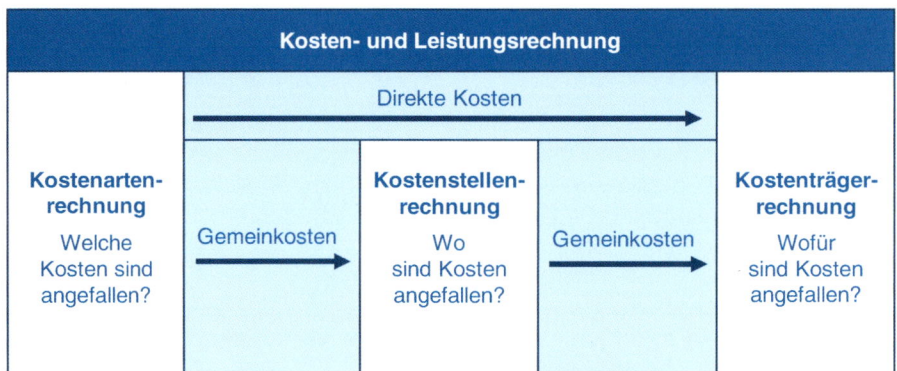

Tabelle 4: Kostenarten-, Kostenstellen, Kostenträgerrechnung,
Dr. Fochler & Company (2018)

Schlüsselung von Gemeinkosten

Die verursachungsgerechte Schlüsselung von Gemeinkosten stellt eine echte Herausforderung dar. Eine traditionelle Schlüsselungsvariante basiert auf einem Verfahren, bei dem das Verhältnis der Einzelkosten der einzelnen Kostenträger die Verteilung der Gemeinkosten auf diese Kostenträger bestimmt. Die unterstellte Proportionalität von Einzel- und Gemeinkosten ist jedoch nicht grundsätzlich gegeben.

Um die Zuordnung von Gemeinkosten auf die einzelnen Kostenträger zu verbessern, wurde die Prozesskostenrechnung entwickelt. Sie ist ein tätigkeitsbezogenes System der Vollkostenrechnung mit dem Ziel, Kosten verursachungsgerecht zu verteilen. Die verursachungsgerechte Kostenzuordnung erfolgt kostenstellenübergreifend. Gemeinkosten werden über ein mehrstufiges Verfahren auf Teil- und Hauptprozesse und schließlich auf Produkte, Projekte und Services verteilt. Die Zuordnung direkter Kosten erfolgt unmittelbar. Zur Schlüsselung der Gemeinkosten werden sogenannte Cost Drivers ermittelt. Bei den Cost Drivers handelt es sich um quantitative, die Kosten der Prozesse beeinflussende Merkmale. Die Gemeinkosten werden dann in dem Verhältnis geschlüsselt, in dem die Cost Drivers in den einzelnen Prozessen bzw. Produkten anfallen.

TBM lehnt sich bei der Art der Kostenschlüsselung an das Verfahren der Prozesskostenrechnung an. Es betrachtet hierbei zwar nicht die Teil- und Hauptprozesse eines Unternehmens, aber dafür die in der IT-Wertschöpfungskette eingebundenen IT-Services. In dieser Sichtweise bauen IT-Services aufeinander auf. Es verhält sich ähnlich wie bei der industriellen Fertigung, die zwischen Vor-, Zwischen- und Endprodukten unterscheidet und wo Vorprodukte zunächst in Zwischenprodukte und Zwischenprodukte schließlich in Endprodukte verarbeitet werden.

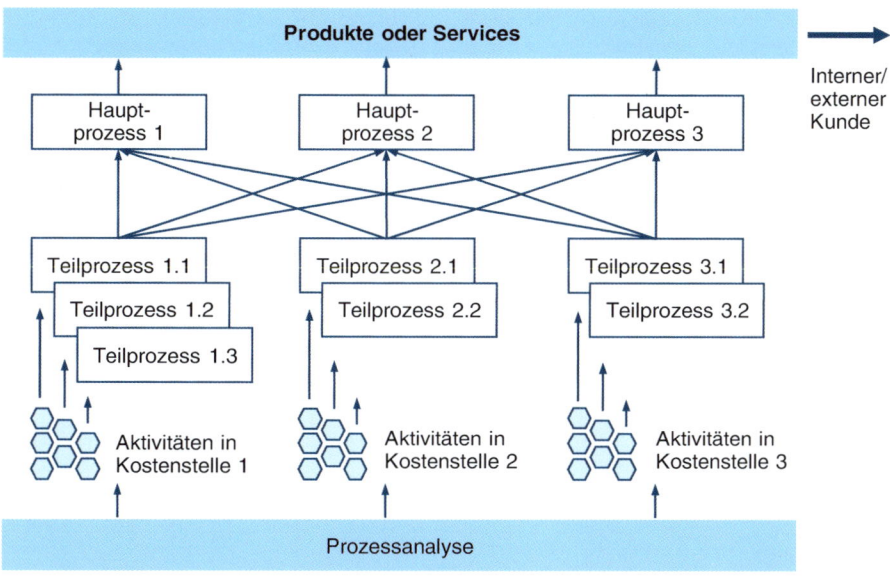

Tabelle 5: Schematische Darstellung der Prozesskostenrechnung,
Dr. Fochler & Company (2018)

In der TBM-Sichtweise werden einzelne IT-Services mit zusätzlichen Leistungen oder mit anderen IT-Services zu neuen IT-Services kombiniert. Somit ergibt sich eine Kaskade an IT-Services. Das Leistungsgeflecht zwischen IT-Services kann dabei hierarchisch angeordnet sein, typisch ist jedoch ein Beziehungsgeflecht mit bilateralen Austauschbeziehungen. IT-Services, die als Basis für weitere IT-Services dienen, können als Vorprodukte im Sinne der Kostenrechnung verstanden werden. IT-Services, die von den Kunden einer IT-Organisation genutzt werden, können als Endprodukte bezeichnet werden. Jeder IT-Service, ob Vor-, Zwischen- oder Endprodukt, stellt einen Kostenträger dar.

Ähnlich wie in der Prozesskostenrechnung, die Gemeinkosten auf die einzelnen Unternehmensprozesse schlüsselt, verfolgt TBM das Ziel, Gemeinkosten auf die einzelnen IT-Services zu schlüsseln – und zwar entlang der IT-Wertschöpfungskette. Dies geschieht unter Verwendung möglichst verursachungsgerechter Cost Drivers.

Die Definition sinnvoller Cost Drivers stellt sich auch im TBM-Konzept als Herausforderung dar. Teilweise ist die Identifikation geeigneter Cost Drivers jedoch recht einfach, wie nachfolgende Beispiele zeigen:

- Kosten für einen Storage-Service können den diesen nutzenden, nachgelagerten IT-Services anhand der zugeordneten Speichermengen zugeteilt werden.

- Kosten für eine physikalische Serverinfrastruktur können auf die darauf betriebenen virtualisierten Betriebssystem-Services im Verhältnis der zugeordneten CPU-Ressourcen verteilt werden.

Beispiel: Ein Rechenzentrum dient zahlreichen IT-Services. Zur Schlüsselung der Kosten auf die einzelnen IT-Services können als Cost Driver z. B. die Höheneinheiten verwendet werden, die in den 19-Zoll-Schränken durch die einzelnen Server belegt werden.

Ein wesentliches Ziel der Kostenschlüsselung liegt neben der vollständigen Zuordnung der Kosten eines IT-Services zudem in der Erfassung aller diesen IT-Service nutzenden nachgelagerten IT-Services. Verbrauchsbezogene Schlüssel legen recht schnell offen, ob es neben den offiziell bekannten Nutzern noch weitere „im Schatten agierende" Nutzer gibt.

Wie funktioniert TBM?

TBM manifestiert ein Rahmenwerk zur Zuordnung von Kosten. Es ist additiv zu anderen Standards wie ITIL oder COBIT zu verstehen. Die nachfolgende Grafik listet die Bereiche, in denen TBM wirkt.

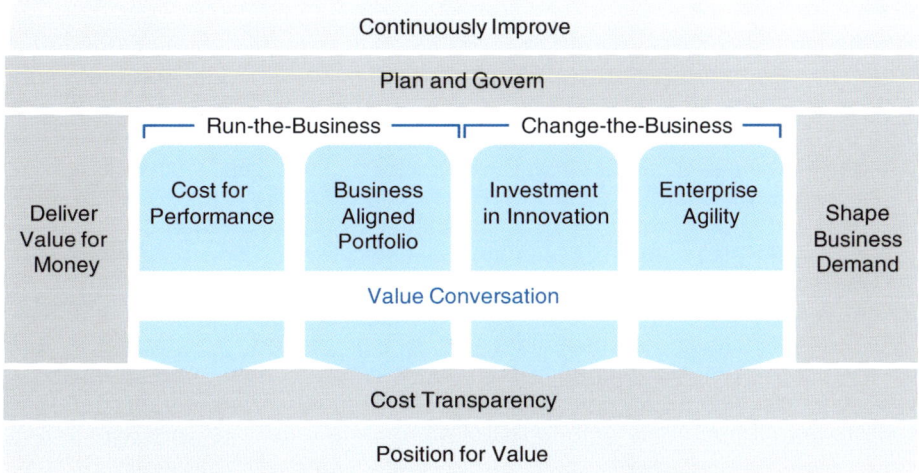

Tabelle 6: TBM-Wirkungsbereiche, Quelle: TBM Council (2016a)

Plan and Govern befasst sich mit der Planung und Überwachung der IT-Ziele im Kontext der Unternehmensziele. Es geht dabei sowohl um Run-the-Business (Run) als auch um Change-the-Business (Change). Die Fähigkeiten im Run entscheiden darüber, wie gut das Tagesgeschäft läuft und damit über den kurzfristigen Erfolg eines Unternehmens. Die Fähigkeiten im Change, also bei der Umsetzung notwendiger Anpassungen, entscheiden über den mittel- und langfristigen Erfolg am Markt. TBM soll dabei helfen, dass die IT-Leistungen sowohl im Run als auch im Change die Ziele des Unternehmens möglichst gut unterstützen:

- Kosteneffiziente und zielgerichtete IT-Leistungen im Run und
- schlagkräftige Innovation in der vom Wettbewerb vorgegebenen Anpassungsgeschwindigkeit im Change.

Wenn dies gelingt, tragen die IT-Leistungen zum Unternehmenswert bei. In der Sprache von TBM nennt sich dies „Position for Value".

Kosten und Wertermittlung

Die Basis der TBM-Aktivitäten ist die Cost Transparency, also der vollständige Überblick über alle Kosten. Für TBM ist die Kostentransparenz der Schlüssel zu allen wesentlichen Analysen und Entscheidungen – sowohl im Run als auch im Change. Wenngleich Cost Transparency die Basis der Analyse bildet, ist sie nicht ausreichend. Um eine Aussage über das Kosten-Nutzen-Verhältnis eines IT-Services zu treffen, ist es ebenso bedeutsam, den Nutzen bzw. den Wert dieses IT-Services zu benennen.

Im Run verdeutlicht sich der Wert u. a. über den mit einem IT-Service erzielten Umsatz abzüglich seiner Vollkosten. Diese Art der Wertbestimmung gelingt aber nur, wenn diese Umsätze tatsächlich erfasst werden. Im unternehmensinternen Leistungsgeflecht von Großkonzernen ist dies nicht grundsätzlich gegeben. Es können daher auch qualitative und subjektive Ermittlungsverfahren herangezogen werden. Zum Beispiel kann der Wert eines IT-Services über den Nutzen für seine Konsumenten erfasst werden. Dies wird durch den Grad der Ausrichtung des IT-Serviceportfolios auf das Business verdeutlicht und wird als Business Alignment bezeichnet. Es mag schwierig zu messen sein, aber eine Indikation dafür, wie gut das IT-Serviceportfolio auf die Bedarfe der Kunden bzw. Nutzer ausgerichtet ist, ergibt sich aus Befragungen und aus Nutzungsstatistiken bzw. den daraus erkennbaren Trends.

> **Der Wert eines IT-Services ergibt sich über den mit dem IT-Service erzielten Umsatz abzüglich seiner Vollkosten. Alternativ kann der Wert auch über qualitative bzw. subjektive Ermittlungsverfahren, z. B. den Nutzen, den Konsumenten aus dem Service ziehen, ermittelt werden.**

Der Wert eines IT-Services entscheidet sich im Run zudem über operative Kennzahlen wie die Verfügbarkeit eines IT-Services pro Monat. Neben eventuellen Umsatzverlusten, die sich durch den Ausfall von IT-Services ergeben, korrelieren mit der Verfügbarkeit aber noch weitere Auswirkungen. Es kann beispielsweise argumentiert werden, dass eine höhere Verfügbarkeit eines IT-Services pro Monat auch zu einer höheren Arbeitszufriedenheit bei den Nutzern führt, da diese nicht durch wiederholt ausfallende IT-Services geplagt werden, oder dass eine hohe Verfügbarkeit einer besseren Außendarstellung des Unternehmens gegenüber Kunden dient.

Im Change verdeutlicht sich der Wert u. a. darüber, wie agil ein Unternehmen auf Veränderung reagieren kann bzw. wie wenig hinderlich die begleitende Umstellung der IT verläuft. Der Wert der IT-Services kann zudem über die Wirtschaftlichkeitsanalysen ermittelt werden, die im Vorfeld der Einführung eines neuen IT-Services erstellt werden. Durch die Gegenüberstellung von Investitionskosten für die Einführung eines neuen IT-Services mit den Einsparungen, die sich dann während seines Betriebs ergeben, werden betriebswirtschaftliche Kenngrößen wie Kapitalwert und interner Zinsfuß der Investition berechnet.

Wenn es gelingt, das Kosten-Nutzen-Verhältnis von IT-Services mit einem standardisierten und konsistent auf alle IT-Services angewendeten Verfahren zu berechnen, können die so ermittelten Werte miteinander verglichen und das IT-Serviceportfolio zielgerichtet, d. h. mit Hinblick auf die Steigerung des Unternehmenswerts gestaltet werden.

Bei der Gegenüberstellung von Kosten und Nutzen bzw. Wert unterscheidet TBM im Run folgende Aspekte:

Kosten	„Cost of Performance", d. h. die Kosten, die entstehen, um das Leistungsniveau des Tagesgeschäfts zu ermöglichen.
Nutzen/ Wert	„Business-aligned Portfolio", d. h. der Ausrichtungsgrad des IT-Serviceportfolios am Bedarf der Fachbereiche.

Tabelle 7: Kosten- und Nutzenaspekte im Run-the-Business

Im Change orientiert sich die TBM-Sichtweise an folgenden Aspekten:

Kosten	„Investment in Innovation", d. h. die Höhe der Investitionen in Neuerungen.
Nutzen/ Wert	„Enterprise Agility", d. h. die Flexibilität und Geschwindigkeit, mit der das Unternehmen notwendige Änderungen umsetzen kann.

Tabelle 8: Kosten- und Nutzenaspekte im Change-the-Business

TBM-Metriken

TBM schlägt zur Verdeutlichung des Kosten-Nutzen-Verhältnisses von IT-Services weitere Metriken vor. Die TBM-Metriken unterstützen die Diskussion über den Wertbeitrag der IT im Unternehmen mit Fakten. Nachfolgend sind einige der Key Performance Inidicators (KPIs) der Bereiche Run und Change gelistet.

Run-the-Business – Key Performance Indicators

Kategorie	KPIs	Erläuterung
Kosten	Soll-Ist-Vergleich der IT-Kosten in den einzelnen Kostenstellen und Kostenarten, insbesondere aber auch hinsichtlich der Investitionsausgaben (CapEx) und der Betriebskosten (OpEx).	Der Vergleich dient der Kostenkontrolle und -steuerung auf der Ebene der Basis-Finanzkennzahlen. Dies erfolgt parallel zur Betrachtung der Total Cost of Ownership (TCO) - d.h. der verursachungsgerecht ermittelten Gesamtkosten - einzelner IT-Services.
Kosten	TCO, der einzelnen IT-Services.	Die Gesamtkosten werden über die direkte Zuordnung von Einzelkosten und die verursachungsgerechte Schlüsselung der Gemeinkosten zu den einzelnen IT-Services erreicht.
Kosten	Stückkosten der Leistungseinheiten in den IT Towers, Soll-Ist-Vergleich.	Beispiele sind Kosten je Netzwerk-Port oder Storage-Einheit.
Kosten	IT-Kosten je Fachbereich bzw. Abteilung auf Seiten der Kunden bzw. Nutzer der IT-Services	Darlegung der IT-Kostenverteilung unter der Voraussetzung vorheriger, verursachungsgerechter Kostenzuordnung.
Nutzen/ Wert	Erreichung der SLA-Ziele der einzelnen IT-Services.	Zielerreichung der SLA-Vorgaben, z. B. tatsächliche vs. vereinbarte Verfügbarkeit eines IT-Services pro Monat.
Kosten	Stückkosten der einzelnen IT-Services im Zeitvergleich.	Veränderung der Kosten über die einzelnen Betrachtungsperioden.
Nutzen/ Wert	Steigerung des Umsatzes bzw. Unternehmenswerts	Veränderung des Umsatzes bzw. des Unternehmenswerts über die einzelnen Betrachtungsperioden.

Kategorie	KPIs	Erläuterung
Nutzen/ Wert	Zufriedenheit der Kunden bzw. Nutzer mit den IT-Services.	Ergebnisse einer Umfrage unter den Kunden und Nutzern einzelner IT-Services.

Tabelle 9: KPIs im Run-the-Business

Change-the-Business – Key Performance Indicators

Kategorie	KPIs	Erläuterung
Kosten	Tatsächliche Kosten einzelner Projekte im Vergleich zu den geplanten Kosten.	Ermittlung der Abweichungen gegenüber den Planungen zwecks frühzeitiger Intervention.
Kosten	Kostenvergleich Change vs. Run: Kosten aller Projekte im Vergleich zu den Run-Kosten.	Verhältnis der Kosten für Innovationen und Veränderungen im Vergleich zu den Kosten, um den Status Quo zu erhalten.
Kosten	Verhältnis der Kosten für Projekte mit direktem Bezug zu den Kunden bzw. Nutzern vs. der Gesamtkosten aller Projekte.	Dieses Kostenverhältnis ist ein Indikator für die Wahrnehmung der Kunden bzw. Nutzer hinsichtlich der von der IT-Organisation ausgeführten Change-Vorhaben und adressiert kritische Fragen wie: „Beschäftigt sich die IT nur mit sich selbst oder verändert sie tatsächlich unser Business?"
Kosten	Verteilung der IT-Projektkosten nach Unternehmenszielen.	Darlegung wie stark die Erreichung der einzelnen Unternehmensziele mit IT-Investitionen unterstützt wird.
Nutzen/ Wert	Einsparungen und Zusatzerlöse, die sich nach Abschluss der derzeit laufenden Projekte über eine definierte Betrachtungsperiode (z. B. 7-jährige Nutzungsdauer der Projektergebnisse) ergeben werden.	Akkumulierter Wert des Projektportfolios.
Nutzen/ Wert	Umsetzungsgeschwindigkeit einzelner Projekte oder Sprints in der agilen Software-Entwicklung im Vergleich zu Umsetzungsqualität und den Kosten.	Analyse des Trade-Offs zwischen Umsetzungsgeschwindigkeit und -qualität zwecks Verbesserung der Projektsteuerung.

Tabelle 10: KPIs im Change-the-Business

Eine vom TBM Council in Kooperation mit der Firma Apptio veröffentlichte, wenngleich kleinere Umfrage verdeutlicht die Bedeutung einzelner, oben genannter KPIs aus Sicht der befragten IT-Führungskräfte wie CIOs, IT-Abteilungsleiter und Service Manager:

Category	Metric	Votes
Financial Foundation	IT Spend vs. Plan (OpEx & CapEx variance)	16
Financial Foundation	Application and Service TCO	9
Financial Foundation	Infrastructure Unit Costs vs. Target / Benchmarks	7
Delivery	% of Projects On-Time, On-Budget, On Spec	13
Delivery	% of Business-Facing Services Meeting SLAs	9
Innovation & Agility	% of IT Spend On Run, Grow, Transform the Business	14
Innovation & Agility	% of Project Spend On Customer Facing Initiatives	10
Business Value	IT Spend By Business Unit	11
Business Value	Customer Satisfaction Scores For Business-Facing Services	9
Business Value	% of IT Spend By Business Objective	7

Tabelle 11: Bedeutung einzelner KPIs aus Sicht der IT-Führungskräfte,
Quelle: TBM Council (2015)

TBM-Modell

Das TBM-Modell ordnet IT-Kosten und -Wert den einzelnen Stufen der IT-Wertschöpfungskette zu. Dazu verwendet es die Leistungen der TBM Taxonomy als Ordnungsrahmen für IT-Leistungen. Die Kosten- und Wertdaten werden über Automatismen aus Quellsystemen bezogen, syntaktisch und semantisch transformiert und den Informationsobjekten der TBM Taxonomy zugeordnet. Der so aufgebaute Datenbestand dient dann als Basis der spezifischen Reports zur Unterstützung der unterschiedlichen Führungsrollen im Unternehmen.

Quelldaten

Die Quelldaten stammen meist aus operativen Systemen der Kostenrechnung, des IT-Service-Managements und des IT-Projektportfolio-Managements. Die Integration der Quellsysteme und die Konfiguration der regelmäßigen Datenübernahme sind wesentliche Voraussetzungen zur Operationalisierung des TBM-Konzepts. Die nachfolgende Grafik des TBM-Tool-Anbieters Apptio verdeutlicht die Vielzahl unterschiedlicher Quellsysteme.

Aus dem Bereich des IT Service Management wird zum Beispiel der IT-Servicekatalog bezogen. Dieser Katalog ist ein zentrales Verzeichnis aller IT-Services, die eine IT-Organisation bereitstellt. Idealerweise beinhaltet der Katalog das vollständige Leistungsspektrum einer IT-Organisation und bildet die Servicearchitektur eines IT-Bereichs ab.

Der Katalog gibt u. a. Auskunft über die Funktionalität, die durch einen IT-Service bereitgestellt wird, und über seine Leistungsmerkmale (Verfügbarkeit, Support-Zeiten etc.). Er enthält aber auch Preisinformationen für die Bereitstellung und den Betrieb eines IT-Services. Die IT-Services des Katalogs sind den einzelnen Elementen der TBM Taxonomy zuzuordnen. Das stellt grundsätzlich eine Herausforderung dar, ist aber lohnend.

Tabelle 12: Beispielhafte Darstellung möglicher TBM-Quellsysteme,
Quelle: Apptio (2018)

Die TBM Taxonomy ist gut durchdacht und wird unter der Koordination des TBM Council gepflegt. Die zahlreichen Mitgliedsunternehmen des TBM Council haben an der Definition der Taxonomy mitgewirkt. Bei Schwierigkeiten in der Zuordnung von IT-Services zu den Objekten der Taxonomy ist daher nicht grundsätzlich die Ursache in der Taxonomy zu suchen. Vielmehr ergibt sich dadurch eventuell auch ein Hinweis auf bestehendes Optimierungspotenzial in der Definition bzw. Abgrenzung der IT-Services.

Die im IT-Servicekatalog publizierten Kosten für die Bereitstellung und den Betrieb eines IT-Services entsprechen nur selten den tatsächlich anfallenden Kosten. Dies liegt daran, dass eine genaue Kostenermittlung teilweise komplex und in vielen Fällen zudem aufwendig ist. Die Bestimmung dieser Kosten ist eine der originären TBM-Aufgaben. Die Kostenrohdaten können aus den Systemen der Finanzbuchhaltung bezogen werden (z. B. SAP FICO, Oracle ERP Financial Management etc.). Einige Kosteninformationen können direkt aus den Systemen der externen Lieferanten übernommen werden, z. B. die Kosten für Cloud Services von Amazon AWS oder Microsoft Azure.

Kostenallokation

Die Allokation der Kosten erfolgt über die Strukturen der Taxonomy. Einzelkosten können den betreffenden Objekten der Taxonomy – IT Towers und IT-Services – direkt zugeordnet werden. Gemeinkosten werden geschlüsselt. Die Schlüsselungsverfahren sind, wie auch die Ladevorgänge zum Bezug der Rohdaten aus den Quellsystemen, in den am Markt angebotenen TBM-Tools automatisierbar.

Durch eine möglichst verursachungsgerechte Kostenallokation entsteht Kostentransparenz. Über die Taxonomy lassen sich der Verbrauch von IT-Leistungen und diesbezügliche Kostenströme nachvollziehen.

Die Kosteninformationen werden den einzelnen Führungsrollen des Unternehmens in ihrem Verantwortungskontext in Form von Reports präsentiert. Dadurch erhalten beispielsweise IT-Servicemanager Auskunft über die Kosten der IT-Services, die sie verantworten, und Account Manager können ihren Kunden die Kosten aller IT-Services darlegen, die von diesen genutzt werden.

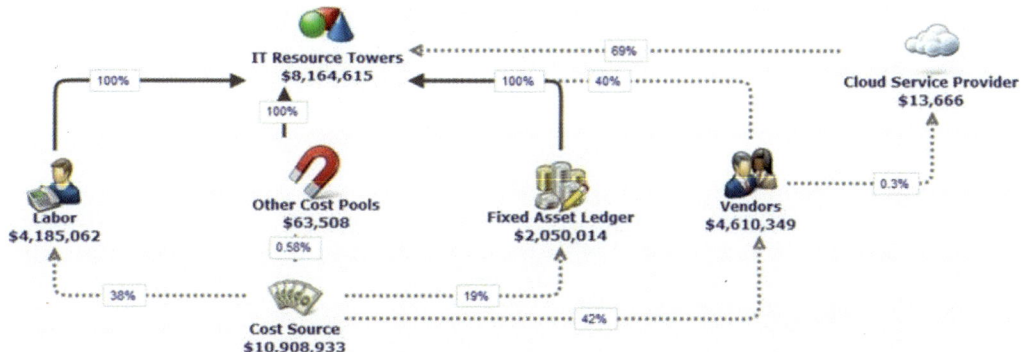

Tabelle 13: Kostenquellen und -allokation, Quelle: Apptio (2014b)

Die Quelle für die Kostendaten sind die Konten des Finanzbuchhaltungssystems. Es wird u. a. nach internen Personalkosten, Abschreibungen und Sachkosten, d. h. Material und Dienstleistungen externer Unternehmen unterschieden. Im oben gezeigten Screenshot des TBM-Tools des Anbieters Apptio sind dies die Kostenarten:

- Labor, d. h. interne Personalkosten.

- Fixed Assets, d. h. Abschreibungen auf Anlagevermögen – also beispielsweise IT-Systeme oder Gebäudeinfrastruktur.

- Vendors: Material und Dienstleistungen externer Lieferanten (u. a. auch Cloud-Services).

- Other Costs, d. h. sonstige Kosten.

IT-Systeme können inklusive Herstellungs- und Implementierungskosten unter Berücksichtigung von § 248 HGB aktiviert werden, d. h. in der Bilanz als Aktiva geführt werden. Die Aktiva werden über die betriebsgewöhnliche Nutzungsdauer, unter Berücksichtigung der AfA-Tabelle des Bundesfinanzministeriums, abgeschrieben. Abschreibungen sind im betrachteten Wirtschaftszeitraum als Kosten klassifiziert und wirken gewinnmindernd.

Kosten, die sich aus Abschreibungen auf Anlagevermögen ergeben, können als Investitionsausgaben oder als Capital Expenditures (CapEx) bezeichnet werden. Kosten, die nicht aktiviert werden und direkt der betrachteten Buchhaltungsperiode zuzuordnen sind, werden auch als Operational Expenditures (OpEx) bezeichnet.

Nach der Übernahme der Kostendaten aus den Quellsystemen werden sie zunächst in sogenannten Cost Pools erfasst. TBM bewegt sich hier auf der Ebene der Kostenarten. Danach werden die Kosten den einzelnen an Technologien oder Steuerungsaufgaben ausgerichteten Kostenstellen der IT-Organisation zugeordnet. Diese Kostenstellen werden auch als IT Towers bezeichnet.

Die Kostenzuordnung orientiert sich bei TBM am Verfahren der Prozesskostenrechnung. Gemeinkosten werden über Cost Drivers auf die verschiedenen IT Towers und nachfolgend auf IT-Services aufgeschlüsselt. Dieses Verfahren der

Schlüsselung von Gemeinkosten setzt sich über die Kaskade aufeinander aufbauender IT-Services fort.

Output

Das Ergebnis der regelmäßigen und im Zeitverlauf (z. B. monatlich) konsistent angewendeten Erfassung und Allokation von Kosten und Wertinformationen stellt sich in Form eines mehrdimensionalen Informationswürfels (TBM Cube) dar, wie er im Bereich der Business-Intelligence-Technologien verwendet wird. TBM bedient sich der Konzepte und Technologien der Business Intelligence, um so im Zeitverlauf Erkenntnisse über Kosten und Werte von IT-Services zu generieren – und letztlich die auf die Unternehmensziele gerichteten operativen und vor allem strategischen Entscheidungen zu unterstützen.

Der TBM Cube dient als Basis für Auswertungen. Diese werden bei den gängigen TBM-Tools mittels eines Dashboards oder als Berichte präsentiert. Sie dienen Führungskräften, Kunden und Nutzern zur Kosten- und Wertanalyse und als Entscheidungsunterstützung. Die Auswertungen können für die einzelnen Zielgruppen rollenspezifisch konfiguriert werden.

Insoweit Unternehmen die TBM Taxonomy des TBM Council und ihre Informationsobjekte ohne Abweichung verwenden, können die Werte einzelner Unternehmen auch mittels Benchmarks verglichen werden.

TBM Taxonomy

Die TBM Taxonomy unterscheidet drei Sichten, sogenannte Views:

- Finance View,
- IT View,
- Business View.

Die Bezeichnungen der Informationsobjekte in diesen Sichten sind in englischer Sprache bezeichnet. Wir haben uns entschlossen, nur einige dieser Begriffe, wo aus unserer Sicht in der deutschen Sprache Zuordnungschwierigkeiten entstehen können, zu übersetzen. Zum besseren Verständnis erläutern wir einige der englischen Begriffe jedoch mit Beispielen in deutscher Sprache.

Die drei TBM Views verbinden die Welten der Finanzbuchhaltung, der IT-Organisation mit deren Nutzern bzw. Kunden. Darin liegt die Stärke des TBM-Konzepts. Es ermöglicht sowohl die Analyse von Details innerhalb einer dieser Welten und schlägt zudem Brücken in die anderen Welten, d.h. Finanzbuchhalter finden darin alle notwendigen Details zu Kostenstellen, -arten und -trägern, während IT Service Manager, den Kostenbezug zu den von ihnen verantworteten IT-Services erklärt bekommen und um dies entsprechend an die Nutzer der IT-Services weiterzugeben.

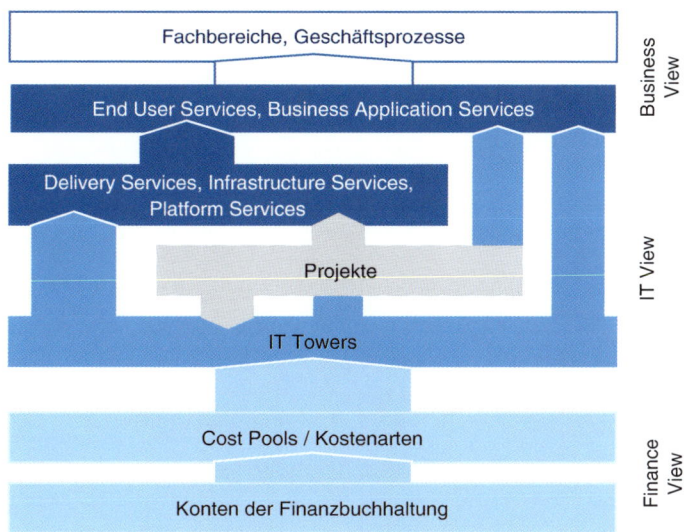

Tabelle 14: TBM Taxonomy mit typischen Wertschöpfungs- und Kostenflüssen,
Quelle: TBM Council (2018)

Cost Pools

In Finance View liegt der Fokus auf den rohen Kostendaten. Dort werden Kostendaten aus den Systemen der Finanzbuchhaltung importiert und den Kostenarten-
gruppen bzw. Kostenarten der TBM Taxonomy, dort als Cost Pools bzw. Cost Sub
Pools bezeichnet, zugewiesen. Die Cost Pools werden nach OpEx- und CapEx-
Pools unterschieden.

Die nachfolgende Tabelle listet die OpEx Cost Pools.

Cost Pool / Kosten-artengruppe	Cost Sub Pool / Kostenart	Beispiele
Labor	Internal Labor	Gehälter
	External Labor	Zahlungen an freiberufliche Mitarbeiter
Outside Services	Consulting	Leistungen externer Beratungsfirmen
	Managed Ser-vices	Leistungen externer Firmen in den Be reichen Infrastruktur oder Application Management
	Cloud Services	Infrastructure-, Platform- oder Software-as-a-Service externer Anbieter
Hardware	Expenses	Nicht aktivierbare Hardware-Kompo-nenten, z. B. Ersatzteile, Verbrauchs-material
	Lease	Miete oder Leasing von Hardware
	Maintenance & Support	Wartungs- und Support-Leistungen ex-terner Lieferanten für Hardware
	Depreciation & Amortization	Abschreibungen auf bilanziell aktivierte Hardware

Cost Pool / Kosten-artengruppe	Cost Sub Pool / Kostenart	Beispiele
Software	Expense	Nicht aktivierbare Software-Komponenten
	Licensing	Software-Lizenzen
	Maintenance & Support	Wartungs- und Support-Leistungen externer Lieferanten für Software
	Depreciation & Amortization	Abschreibungen auf bilanziell aktivierte Software
Facilities and Power	Expense	Rechenzentrumsbetrieb, insbesondere Strom
	Lease	Rechenzentrumsmiete
	Maintenance & Support	Wartungs- und Support-Leistungen externer Lieferanten für das Rechenzentrum
	Depreciation & Amortization	Abschreibungen auf die Gebäudeinfrastruktur des Rechenzentrums oder bilanziell aktivierte Rechenzentrumskomponenten (z. B. Racks)
Telecom	Expense	Sprachkommunikation, Anbindung für die Datenkommunikation
	Lease	Miete für Telekommunikationskomponenten und -leitungen
	Maintenance & Support	Wartungs- und Support-Leistungen externer Lieferanten für Telekommunikationskomponenten
	Depreciation & Amortization	Abschreibungen auf bilanziell aktivierte Telekommunikationskomponenten

Tabelle 15: Cost Pools bzw. Cost Sub Pools, Quelle: TBM Council (2018)

IT Towers

Im IT Layer werden die nach Technologien oder Steuerungsfunktionen ausgerichteten organisatorischen Einheiten betrachtet, denen die Kosten aus den Cost Pools zugewiesen werden können. Diese Einheiten werden als IT Towers bezeichnet. Die Gemeinkosten der Cost Pools werden auf die IT Towers über ein Schlüsselungsverfahren verteilt. Die IT Towers sind nicht mit den IT-Services zu verwechseln. IT-Services werden erst nachgelagert betrachtet. Bei den IT Towers handelt es sich um typische Domänen einer IT-Organisation, die nach Technologien oder IT-Steuerungsaufgaben ausgerichtet und meist als Abteilungen oder Teams mit entsprechenden Kostenstellen abgebildet sind. Die KLR für IT-Services als Kostenträger führt zunächst über die IT Towers.

Die TBM-Struktur unterscheidet folgende IT Towers:

IT Tower	Erläuterung
Data Center	Rechenzentrum und Technikräume
Compute	Mainframe- / Server-Hardware, Virtualisierungstechnologien, Betriebssysteme
Storage	Online- und Offline-Speichertechnologien bzw. -medien
Network	LAN, WAN, Sprachkommunikationsleitungen
Platform	Basistechnologien für Datenbanken und Middleware-Komponenten (Application Server, Transaction Processing etc.)
Output	Technologien für den zentralen Massendruck und die Drucknachbearbeitung
End User	Arbeitsplatztechnologien, mobile Endgeräte, lokale Software, lokale Drucker, Service-Desk-Leistungen
Application	Applikationsentwicklung, -betrieb, -wartung, Geschäftsapplikationen
Delivery	IT-Service-Management, zentraler IT-Leitstand, Programm-, Projekt- und Produkt-Management
Security und Compliance	Informationssicherheit und Datenschutz, Disaster Recovery
IT Management	TBM, IT-Strategie, IT-Architektur, IT-Controlling, Supplier Management

Tabelle 16: IT Towers, Quelle: TBM Council (2018)

Die IT Towers werden weitergehend in IT Sub Towers gegliedert. Tabelle 17 verdeutlicht dies ausschnittsweise für einige der IT Towers.

DATA CENTER	COMPUTE	STORAGE	NETWORK	PLATFORM
Enterprise Data Center	Servers (Windows/Linux)	Online Storage	LAN/WAN	Database
Other Facilities	Unix	Offline Storage	Voice	Middleware
	Midrange	Mainframe Online Storage	Transport	Mainframe Database
	Converged Infrastructure	Mainframe Offline Storage		Mainframe Middleware
	Mainframe			
	High Perform. Computing			

Tabelle 17: Auszug der Untergliederung der IT Towers in IT Sub Towers,
Quelle: TBM Council (2018)

IT Services

Nach der Kostenallokation auf die IT Towers ändert sich der Fokus auf die IT-Leistungen. Während bei den IT Towers noch die einzelnen Technologien und IT-Steuerungsaufgaben im Fokus standen, treten nun die IT-Services und die durch sie erzielbaren Nutzen in den Vordergrund.

Im Gegensatz zu den IT Towers ist ein IT-Service mehr als die Summe der darin eingesetzten Technologien. ITIL definiert den Begriff des IT-Service abstrakt als eine „Möglichkeit, einen Mehrwert für Kunden zu erbringen, indem das Erreichen der von den Kunden angestrebten Ergebnisse erleichtert oder gefördert wird. Dabei müssen die Kunden selbst keine Verantwortung für bestimmte Kosten und Risiken tragen." Wesentlich ist, dass die Kosten vorab bestimmt sind und die Nutzer eines IT-Services nicht die Gewährleistung für die zugesagten Eigenschaften des IT-Services übernehmen – sondern der Anbieter des IT-Services.

Wir wollen den Begriff ergänzend mit folgender eigenen Definition erklären:

Ein IT-Service ist eine Kombination aus Technologien und menschlichen Leistungen. Er generiert für die Servicekonsumenten einen Nutzen auf Basis eines vorab vereinbarten Preisberechnungsverfahrens und definierter Leistungsmerkmale.

IT-Services werden aus den Technologien und Leistungen der IT Towers – eventuell unter Verwendung bereits bestehender, anderer IT-Services – geschaffen. Ein IT-Service kann auf diese Weise zu einem neuen IT-Service veredelt werden. IT-Services auf den unteren Schichten der IT-Wertschöpfungskette werden auch als Infrastructure Services oder Platform Services bezeichnet. Endanwendernahe IT-Services werden als End User Services und Business Application Services bezeichnet. Die zuvor genannten IT-Services werden durch Delivery Services begleitet, die überwiegend durch menschliche Leistungen charakterisiert sind (z.B. IT Service Management).

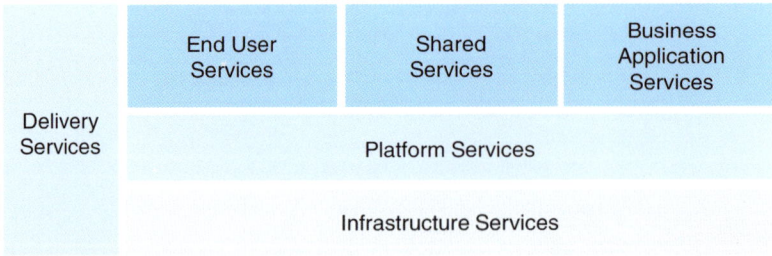

Tabelle 18: Strukturierung der IT-Services, Dr. Fochler & Company (2018)

Tabelle 19 erläutert die einzelnen Kategorien an IT-Services beispielhaft. Trotz der Namensgleichheit einiger IT-Services und IT Sub Towers gilt:

Während mittels der IT Sub Towers Technologien kategorisiert werden, umfassen IT-Services die Bereitstellung und den Betrieb spezifischer Funktionen und Fähigkeiten unter Verwendung von Technologien und menschlicher Leistung – und zwar mit einer definierten Leistungsqualität.

Kategorien an IT-Services	Erläuterungen
End User Services	Notebooks mit Standard-Software, Smart Phones, virtualisierte Arbeitsplätze, lokale Druckdienste, LAN-Zugang
Business Application Services	IT-Services, die Funktionalität für Ogranisationseinheiten bereitstellen, die maßgeblich in den Kerngeschäftsprozessen des Unternehmens arbeiten, d.h. in Geschäftsprozessen die direkt mit den Kunden des Unternehmens in Kontakt stehen oder diesen direkt dienlich sind, z.B. Vertrieb, Fertigung oder Kundendienst. Typischerweise ist diese Funktionalität spezifisch an der Branche des Unternehmens ausgerichtet. Im Falle einer Airline wären dies z.B. die Organisationseinheiten für Reservierung, Check-in, Ground Operations oder Flight Operations.
Shared Services	IT-Services, die Funktionalitäten für Organisationseinheiten bereitstellen, die als unternehmensinterne unterstützende Dienstleister agieren, z.B. IT-Services für die Finanzbuchhaltung, den Einkauf, die Personal- oder die Rechtabteilung.
Platform Services	Application Hosting, Content Management, Datenbank-Management, Data Warehouse, Message Bus, System Integration Services
Infrastructure Services	Rechenzentrum, physikalische und virtualisierte Serverbetriebssysteme, Storage, Backup & Restore-Technologien, Datennetze, Load Balancer
Delivery Services	TBM, Entwicklung der IT-Strategie, Governance, Risk & Compliance, Enterprise Architecture Management, Programm- und Projekt-Management, Software-Entwicklung, Systemintegration, Testen, IT-Service-Management, Vendor Management, IT Security Management.

Tabelle 19: Kategorisierung der IT-Services, Quelle: TBM Council (2018)

TBM-Tools

Am Markt werden zahlreiche Tools für ITFM und TBM angeboten. Sowohl Gartner als auch Forrester Research beobachten den Markt: Gartner setzt den Fokus auf ITFM-Tools. Forrester hat den Markt der TBM-Tools im Visier. Wir betrachten beide Kategorien, denn TBM baut auf ITFM auf. Zudem gehen wir davon aus, dass einige der ITFM-Tools noch durch zusätzliche Funktionalität, insbesondere durch die Unterstützung der TBM Taxonomy, ergänzt und dann als TBM-Tools klassifiziert werden können. Die Kategorisierung als TBM-Tool in der nachfolgenden Tabelle erfordert daher eine Orientierung an IT-Services als Kostenträger, idealerweise in Kombination mit einem IT-Servicekatalog und eine Möglichkeit, IT-Kosten entlang einer Kaskade von IT-Services möglichst verursachungsgerecht zu verrechnen. Zudem sollte ein TBM-Tool den unterschiedlichen Entscheidern eines Unternehmens eine spezifisch konfigurierbare, aber organisationsweit konsistente Sicht auf die Kosten- und Wertgrößen der IT-Leistungen geben. Eine reine Unterstützung der IT-Controller genügt daher nicht zur Klassifizierung als TBM-Tool.

Die nachfolgende Listung erhebt keinen Anspruch auf Vollständigkeit. Sie dient als erste Orientierung über die am Markt angebotenen Tools.

Software-Hersteller	Tool	Marktstellung
Clausmark	Be4IT	ITFM
Cimpl	Cimpl Platform	ITFM
Hewlett Packard Enterprise	Cloud Cruiser	ITFM
KEDARit	Cop-S	ITFM
Magic Orange	Magic Orange Platform	ITFM
NDMA	FullCost	ITFM
PMG	Digital Business Platform	ITFM
Serviceware	Anafee	ITFM
Tangoe	Technology Expense Management Platform	ITFM
Upland Software	Comsci	ITFM
Apptio	Cost Transparency, Cloud Cost Management, Vendor Insights, IT Benchmarking, IT Planning, Business Insights, Bill of IT	TBM
ClearCost	Cloud, NetEnterprise, Explorer, Benchmark	TBM
Nicetec	Netinsight ITFM	TBM
NICUS	M-PWR	TBM
UMT360	UMT360 for IT	TBM
USU	Valuemation	TBM

Tabelle 20: Übersicht über die ITFM- und TBM-Tools

Einige der Tools sind auf spezifische Branchen oder Einsatzbereiche spezialisiert. Das Tool von Cimpl setzt seinen Fokus zum Beispiel auf die Telekommunikationsbranche. Hewlett Packard hat sich mit Cloud Cruiser – wie der Name vermuten lässt – auf das Management von Cloud-Kosten spezialisiert. Die Tools von NDMA, Serviceware, PMG, Upland Software sind allgemeiner ausgerichtet. Sie bieten Funktionalität zur Budgetierung bzw. Planung als auch zur Erfassung von Kosten. Diese Tools lassen jedoch offen, ob sie sich an der TBM Taxonomy bzw. an einer vergleichbaren Strukturierung der IT-Wertschöpfungskette orientieren können.

Die Hersteller Apptio, ClearCost, Nicetec, NICUS, UMT360 und USU werden von uns als TBM-Tools oder zumindest als Tools mit sichtbaren TBM-Fähigkeiten eingestuft. ClearCost bietet seine Suite bestehend aus Cloud, NetEnterprise, Explorer und Benchmark als Software-as-a-Service (SaaS) an. Sie umfasst Funktionen für die Zuordnung von Kosten zu IT-Services und die Durchführung von Benchmarks. So verhält es sich auch bei den Tools von Nicetec und NICUS. NICUS bietet das Produkt M-PWR sowohl für eine On-Premises-Implementierung als auch als SaaS-Modell an. M-PWR bietet Funktionalität für die Bereiche Budgetplanung, Kostenzuordnung, Cloud-Kosten-Management, Vollkostenrechnung und Abrechnung. Die Tools von UMT360 und USU bieten eine gute Integration mit dem IT-Servicekatalog und der darin abgebildeten Kaskade an IT-Services. Damit unterstützen diese Tools eine wesentliche Voraussetzung für die Umsetzung des TBM-Konzepts.

Das Tool von Apptio erfüllt das TBM-Konzept vollumfänglich. Dies ist nicht verwunderlich. Schließlich war das Unternehmen 2012 einer der Mitbegründer des TBM Council. Die Apptio-Produktpalette umfasst Funktionalitäten zur Budgetierung bzw. Planung und zur Erfassung von Kosten. Wesentlich ist jedoch die Orientierung an der TBM Taxonomy und der daran ausgerichteten Zuordnung von Kosten zu den IT-Services als Kostenträger. Apptio bietet auch Funktionalität für das Management von Lieferantenverträgen, das Cloud-Kosten-Management und die Darlegung des Verbrauchs an IT-Leistungen gegenüber Leistungsempfängern. Die Apptio-Software wird im Rahmen eines SaaS-Modells angeboten.

Das zentrale, dem Apptio-Toolset zugrundeliegende Datenmodell ATUM wird sorgfältig kontrolliert. Es ermöglicht Apptio-Kunden, die Daten aus ihren Quellsystemen über die vorgesehenen Transformationsmechanismen auf dieses Datenmodell zu mappen bzw. ihre Daten darauf ausgerichtet zu importieren und organisationsübergreifende Benchmarks anzuwenden.

In der Liste der hier aufgeführten Tools fehlt Microsoft Excel, das wohl derzeit noch am häufigsten für Aufgabenstellungen des ITFM bzw. IT-Controllings eingesetzt wird. Excel beinhaltet zwar alle erforderlichen Funktionen, um ein TBM-Modell umzusetzen. Ein solches Modell auf Basis von Excel muss jedoch mit erheblichem Entwicklungsaufwand implementiert und getestet werden. Kleinste Fehler innerhalb des Modells können zu gravierenden Abweichungen in der Ergebnisberechnung führen. Ein TBM-Modell auf Basis von Excel mit zahlreichen, in den einzelnen Excel-Zellen verborgenen Funktionen und Verweisen impliziert enorme Wartungsaufwände. Die große Menge an Rohdaten macht deren übersichtliche Darstellung in Excel beinahe unmöglich. Wir erachten Microsoft Excel nicht als geeignetes Werkzeug, um große Kostendatenmengen aus verschiedenen Quellsystemen regelmäßig zu laden, zu transformieren und den zahlreichen IT-Services als Kostenträgern zuzuordnen. Die Pflege derartiger „Lösungen" ist nicht nur aufwendig, sondern birgt das Risiko fehlerhafter Ergebnisse und daraus abgeleiteter unternehmerischer Fehlentscheidungen.

Häufig wird auch die Frage hinsichtlich einer Koexistenz von SAP und TBM-Tools wie Apptio gestellt. Eine solche Koexistenz kann durch zwei mögliche Verfahren gewährleistet werden. Zum einen kann ein TBM-Tool die Berechnung der Cost Drivers, d. h. der Parameter für die Schlüsselung von Gemeinkosten übernehmen, die dann innerhalb SAP für die eigentliche Kostenzuordnung verwendet werden.

Nachfolgende Grafik zeigt die Integration des Apptio-Toolsets mit angrenzenden Systemen wie SAP, ServiceNow oder VMWare vCenter via dem Apptio Datalink Adapter. Auf diese Weise kann die Koexistenz zwischen diesen Systemen und Apptio implementiert und eine sinnvolle Arbeitsteilung ermöglicht werden.

Zum anderen kann die KLR für IT-Leistungen von SAP an ein TBM-Tool übertragen bzw. durch dieses übernommen werden. Die KLR-Ergebnisse können abschließend in SAP geladen und für die Durchführung der Buchungsvorgänge verwendet werden.

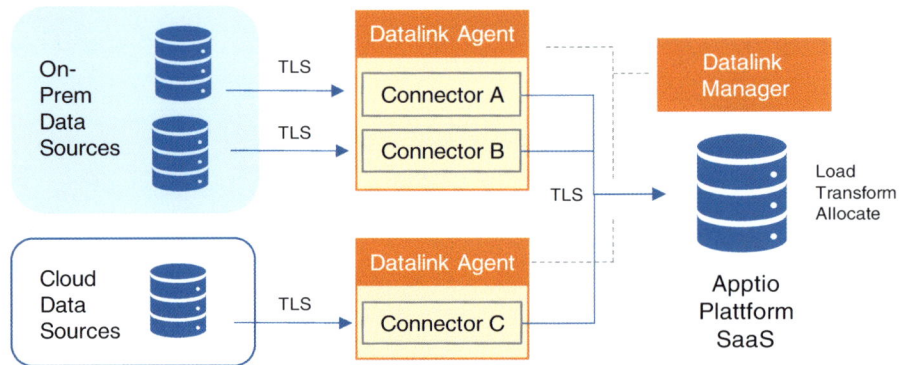

Tabelle 21: Apptio Datalink, Dr. Fochler & Company (2018)
in Anlehnung an Apptio (2015b)

Grundsätzlich können auch mehrere ITFM- bzw. TBM-Tools in Kombination zur Bewältigung der TBM-Aufgaben eingesetzt werden. Jedoch sind dann Kompatibilitäts- und Schnittstellenproblem zu erwarten, die – selbst, wenn sie einmalig gelöst werden – mit dem nächsten Upgrade eines der Tools erneut auftreten können.

TBM mit Apptio

Apptio wurde 2007 gegründet und war 2012 unter den Mitbegründern des TBM Council. Nach unserer Einschätzung ist Apptio einer der führenden Anbieter im Markt der TBM-Tools. Als Partner des TBM Council ist Apptio eng in die Erstellung der Best Practices für TBM-Applikationen eingebunden. In Kooperation mit den TBM-Mitgliedern konnte Apptio ein Datenmodell für das Apptio-Toolset entwickeln, das die Anforderungen des TBM-Konzepts bestmöglich erfüllt und ein Benchmarking unter den TBM-Nutzern ermöglicht. Dieses Datenmodell trägt die Bezeichnung Apptio TBM Unified Model, kurz ATUM. Es bildet die Grundlage für das gemeinsame Verständnis von IT-Kosten und ist Basis eines standardisierten Kostenmodells für IT-Organisationen. Wenngleich unternehmensindividuelle Modifikationen des ATUM-Datenmodells grundsätzlich möglich sind, dient es als Grundlage und stabile Basis zur erfolgreichen Umsetzung des TBM-Konzepts. Es ist empfehlenswert, ATUM als Startpunkt einer TBM-Implementierung zu wählen.

Neben ATUM stellt die Werkbank TBM Studio eine weitere wichtige Säule für eine TBM-Umsetzung dar. TBM Studio dient der unternehmensspezifischen Konfigurationen der Apptio-Applikationen.

Apptio Lösungsarchitektur

Apptio unterteilt seine Lösungsarchitektur in vier Bereiche. Der erste Bereich befasst sich mit der Datenlogistik aus den verschiedenen Quellsystemen, d. h. dem Import von Rohdaten in das Apptio-Toolset. Im zweiten Bereich erfolgt die Zuordnung der Rohdaten zu den Kostenarten (Cost Pools) der TBM-Taxonomy. Im dritten Bereich wird die Datentransformation und die Verteilung der Kosten auf Kostenstellen (IT Towers) und Kostenträger (IT-Services) durchgeführt. Die TBM-Metriken werden im vierten Bereich berechnet und dem Reporting zur Verfügung gestellt. TBM Studio dient als Werkbank zur Konfiguration der Arbeitsschritte und Kalkulationen in diesen vier Bereichen. Die Apptio-Applikationen setzen auf dem ATUM-Datenmodell auf, um dessen Inhalte zu veredeln oder auszuwerten.

Apptio-Werkbank: TBM Studio

Die Werkbank TBM Studio gliedert sich in die drei Komponenten

- Data Studio,
- Model Studio,
- Report Studio.

TBM Studio wird zur Konfiguration der Lade-, Transformations- und Zuordnungsvorgänge für Kosten- und Leistungsdaten sowie zur Definition der Reports verwendet. Die Bedienung von TBM Studio gelingt bereits Anwendern, die über gute Kenntnisse in Tabellenkalkulationsprogrammen wie Excel verfügen. Die Ladevorgänge für Rohdaten werden im Data Studio definiert. Sie können aus unternehmensinternen Quellsystemen, aber auch aus den Systemen der Lieferanten einer IT-Organisation wie Amazon AWS oder Microsoft Azure erfolgen. Für die Verwendung des Data Studio werden keine Kenntnisse in der Administration von Datenbank-Management-Systemen benötigt. Die Transformationsregeln werden über das Data Studio definiert und getestet bzw. schließlich in die Produktion übergeben. Nach dem Laden sowie der syntaktischen und semantischen Transformation der Rohdaten werden die Daten im Model Studio den Cost Pools und IT Towers des ATUM-Datenmodelles zugewiesen. Im Data und Model Studio werden die Lade- und Transformationsvorgänge visuell abgebildet. Dadurch wird gezeigt, wie der Kostenfluss innerhalb der Taxonomy bzw. innerhalb der IT-Wertschöpfungskette erfolgt.

Das Report Studio stellt verschiedene Analysetools zur Auswertung der Daten im ATUM-Datenmodell und bereits einige vorkonfigurierte Reports zur Verfügung. Diese können angepasst werden; die Bedienung ist intuitiv. Einfache funktionale Erweiterungen lassen sich per Drag & Drop erledigen. Somit gelingt es recht schnell, den einzelnen Führungsrollen wie dem CIO, den Account Managern und Service Managern spezifische auf ihre Aufgaben ausgerichtete Reports bereitzustellen.

Apptio Datenmodell: ATUM

Das Apptio TBM Unified Model (ATUM) ist das der Apptio Lösungsarchitektur zugrunde liegende Datenmodell. ATUM gibt vor, welche Rohdaten sinnvollerweise erfasst werden sollen und wie diese zu organisieren und den einzelnen Informationsobjekten zuzuordnen sind.

Tabelle 22: Datenfluss aus den Quellsystemen über die Master Data Sets in die ATUM-Taxonomy zu den Reports, Quelle: Apptio (2014a)

Es ist zu erwarten, dass die Bereitstellung der von ATUM benötigten Rohdaten für die meisten IT-Organisation eine Herausforderung darstellen wird. Die ATUM-Daten werden in sogenannten Master Data Sets verwaltet. Die Attribute dieser Master Data Sets werden nach notwendigen und optional bereitzustellenden Attributen unterschieden. Über die Master Data Sets erfolgt das Mapping der Quelldaten mit den ATUM-Attributen. Die Master Data Sets geben zudem die erwarteten Datenformate vor.

Das Apptio-Toolset bietet Möglichkeiten zur Vollständigkeitsprüfung des Attributumfangs aus den Quellsystemen an. Dies ist hilfreich, um fehlende Attribute in den Quelldaten möglichst effizient zu identifizieren.

Master Data Sets des ATUM, siehe Apptio (2017c):

- Application Units
- Applications
- Benchmark Composition
- Benchmark Industry
- Benchmark Unit Cost
- Business Unit Allocation
- Cloud Service Provider
- Cost Source

- Cost Source to IT Towers
- Data Centers
- Fixed Asset
- Hypervisor
- IT Resource Towers
- Labor
- Physical Server
- Projects
- Server Units by Class
- Servers
- Storage
- Storage Devices
- Storage Units by Tier
- Tickets
- Vendors

Das Apptio Tool geht davon aus, dass sich das Regelwerk zur Verteilung von Kosten stark an ATUM orientiert. Während die Zuordnung von Kostendaten aus den Quellsystemen zu den Cost Pools (Kostenarten) bzw. Kostenstellen (IT Towers) noch mittels einfacher Regeln erfolgen kann, gestaltet sich die Kostenschlüsselung auf die Kostenträger (IT-Services) bzw. die Leistungsempfänger bereits deutlich komplexer.

Die ATUM-Informationsobjekte sind miteinander integriert, sodass sich Änderungen an den Daten ad hoc in den einzelnen Informationsobjekten und Reports auswirken. Zur Schlüsselung von Kosten bietet ATUM folgende Verfahren an:

- Schlüsselung auf Basis von Annahmen: Die Kostenverteilung basiert auf Annahmen. Arbeitskosten werden z. B. nach Einschätzung des Verantwortlichen für Server-Systeme mit 25 % dem IT Tower Wintel und mit 75 % dem IT Tower Unix zugeordnet. Rechenzentrumskosten werden gleichmäßig auf alle IT Towers verteilt ("peanut butter spread").

- Schlüsselung auf Basis der Verhältnisse spezifischer Attributausprägungen: Die Kostengewichtung basiert auf Attributen, deren Ausprägungen zueinander ins Verhältnis gesetzt werden. Beispielsweise können Rechenzentrumskosten auf Basis der dort betriebenen CPUs oder von deren kWh-Verbrauch gewichtet werden.

- Schlüsselung auf Basis messbaren Konsums: Die Kostenzuordnung basiert auf dem gemessenen, tatsächlichen Konsum. Beispielsweise können Kosten für Storage-Services anhand der allokierten Terrabyte zugeordnet werden.

Tabelle 23 verdeutlicht den Kostenfluss innerhalb von ATUM unter Verwendung von gewichteten Schlüsselungsverfahren ("weighted by").

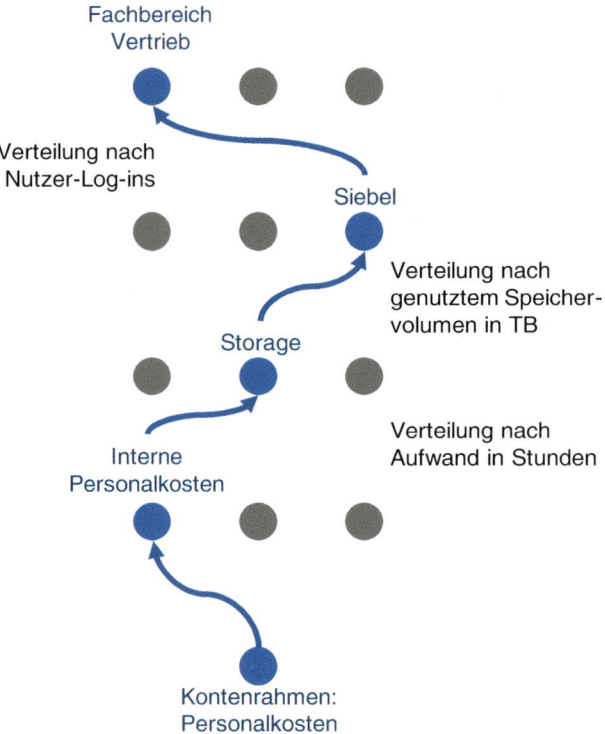

Tabelle 23: Datenfluss innerhalb des Apptio-Modells unter Verwendung von
gewichteten Schlüsselungsverfahren, Quelle: Apptio (2014a)

Apptio-Applikationen

Apptio bietet zur Umsetzung von TBM-Konzepten eine Suite aus mehreren Applikationen an. Es ist damit zu rechnen, dass sich hier regelmäßig Anpassungen ergeben und dass neue Applikationen in die Suite aufgenommen werden oder die Funktionalität unterschiedlicher Applikationen zusammengefasst wird. Dies ist durchaus sinnvoll, um zum einen aktuellen technologischen Entwicklungen und zum anderen den Interessen der einzelnen Zielgruppen mit spezifischen Apps besser Rechnung zu tragen.

Tabelle 24: Apptio Kernapplikationen, Quelle: Apptio (2018)

Zum Veröffentlichungszeitpunkt der vorliegenden Publikation wurden folgende Kernapplikationen angeboten:

- Cost Transparency,

- IT Financial Management,
- Cloud Cost Management,
- Vendor Insights.

Die Kernapplikationen werden durch folgende Erweiterungen ergänzt:

- IT Benchmarking,
- IT Planning,
- Bill of IT,
- Business Insights.

Die Applikationen können sowohl einzeln als auch gemeinsam lizenziert werden. Zudem wird eine Lizenz unter der Bezeichnung „IT Financial Management" angeboten, die Basiselemente der Applikationen Cost Transparency Foundation und IT Planning enthält.

Apptio Cost Transparency

Die Apptio-Applikation Cost Transparency (CT) differenziert Apptio wohl am stärksten von anderen Anbietern. Dies gilt weniger aufgrund des Ziels der Kostenerfassung und -zuordnung, das auch in den Tools anderer Anbieter umfassend verfolgt wird, sondern aufgrund der Art und Weise, wie die KLR umgesetzt wird.

CT zeigt, wie sich Kosten verteilen. Kosten können vom Kontenplan bis hin zu den IT-Services bzw. den Business Units als Leistungsempfängern verfolgt werden. CT nutzt dazu drei Module, die auf dem Datenmodell ATUM basieren:

- Modul: Cost Transparency Foundation
- Modul: Application and Services
- Modul: Business Units

Modul: Cost Transparency Foundation

Mit der Cost Transparency Foundation (CTF) wird eine über den Zeitverlauf regelmäßig fortgeschriebene Sicht auf die Kosten- und Budget-Situation erstellt. Kosten werden zunächst aus Quelldaten bezogen. Dabei wird nach fixen und variablen Kosten unterschieden, die der Mastertabelle Cost Source zugewiesen werden. Die Kostenzuordnung findet mittels folgender Attribute statt:

- Aufwandstyp: Ist-Kosten oder Budgetwerte
- Variabel: Fixe oder variable Kosten
- Betrag

Tabelle 25: Kostenzuordnung und -verteilung der Mastertabelle Cost Source,
Quelle: Apptio Tool

Erst nach der Erfassung in der Mastertabelle Cost Source erfolgt die Zuordnung
der Kosten zu den für IT-Organisationen typischen Basiskostenarten:

- Sachkosten (Vendors),
- interne Personalkosten (Labor),
- Abschreibungen auf Anlagevermögen (Fixed Asset Ledger) sowie
- Sonstiges (Other Cost Pools).

Erweiterungen zu diesen Basiskostenarten sind für Projekt- und Cloud-Kosten
möglich. Die Kosten für Cloud Services werden als nachgelagerte Stufe der Basis-
kostenart Vendors geführt.

▼	**From**	Cost Source	Complete
▼	**Allocate**	All except Budget, CapEx	Complete
▼	**Using**	Weighted Value	Complete
▼	**To**	Labor	Complete
▼	**Distributing**	By Labor Headcount (within Cost_Lab …	Complete

Tabelle 26: Definition der Kostenschlüsselung, Quelle: Apptio (2017c)

Die Zuordnung der Daten in der Mastertabelle Cost Source zu den Basiskostenarten erfolgt unter Verwendung von Schlüsselattributen und Schlüsselungsverfahren. In dem nachgelagerten Zuordnungsverfahren werden die Kosten aus den Basiskostenarten dann dem Informationsobjekt IT Resource Towers zugewiesen. Die
Zuordnung der Kosten aus den Basiskostenarten zum Informationsobjekt IT Resource Towers dient der Vorbereitung für die spätere Kostenzuordnung zu den IT
Towers, d. h. den für IT-Organisationen typischen Kostenstellen.

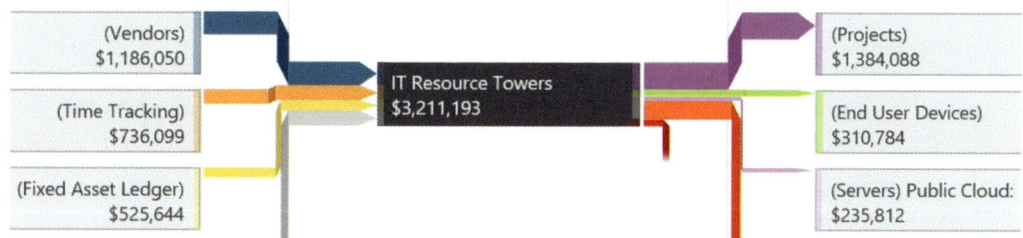

Tabelle 27: Kostenzuordnung zum Informationsobjekt IT Resource Towers,
Quelle: Apptio (2017c)

Mit der Zuordnung der Kosten zum Informationsobjekt IT Resource Towers sind
die im Apptio-Modul Cost Transparency Foundation vorgesehenen vorbereitenden
Tätigkeiten abgeschlossen.

Modul: Applications & Services

Nachdem die Kostendaten aus verschiedenen Quellsystemen geladen und danach in Kostenarten und IT Resource Towers strukturiert wurden, können sie nun
den einzelnen IT-Services als Kostenträgern zugeordnet werden. Dies erfolgt über
das Modul Applications & Services (A&S). Die Apptio-Informationsarchitektur des
aktuellen ATUM-Modells folgt grundsätzlich der Taxonomy des TBM Council. Eine
explizite Benennung der Service-Kategorien nach Infrastructure Services, Platform
Services, Business Application Services, End User Services und Delivery Services
ist durch das Tool jedoch nicht vorgegeben. Wir erachten die Orientierung an den
Vorgaben des TBM Council zwar grundsätzlich als zielführend, jedoch kann die
Strukturierung unternehmensindividuell erfolgen.

Für die Kostenzuordnung von den IT Resource Towers zu einzelnen IT- Services
werden weitere Referenzinformationen benötigt, die jeweils gesondert in das Apptio Tool geladen werden:

Für die Allokation der Kosten des Data Centers auf die darin implementierte tech-
nologische Infrastruktur (Netzwerk, Server. Storage etc.) werden beispielsweise
Angaben zu den Quadratmeterzahlen und Höheneinheiten in den Racks der einzelnen Rechenzentren und Technikräume benötigt. Durch die Verwendung dieser
Zusatzinformationen gelingt dann eine möglichst verursachungsgerechte Kostenschlüsselung. Die Bereitstellung dieser Referenzinformationen ist eine unabding-
bare Voraussetzung dafür.

Die Schlüsselung der Kosten des IT-Service Storage kann unter Verwendung der
Speicherkapazität einzelner Speichermedien und der Nutzung dieser Speicherkapazität durch einzelne Server, Datenbanken oder Applikationen erfolgen.

Die Kosten für den IT-Service Physical Servers ergeben sich dann zum Beispiel
mittels Kostenzuordnung aus den vorgelagerten IT-Services

- Storage mittels Kostenschlüsselung anhand der belegten Speichermengen,
- Data Center mittels Kostenschlüsselung anhand der belegten Rack-Höhen-
  einheiten,
- Network mittels Kostenschlüsselung anhand der genutzten Bandbreite sowie
- der direkt zuordenbaren Einzelkosten für die Server-Hardware.

Die Kosten für den IT-Service Physical Servers setzen sich dabei also sowohl aus den direkten Kosten der Server Hardware als auch aus den anteiligen, indirekten Kosten des Data Centers, in dem die Server implementiert sind und den Kosten für Storage, der von den Servern belegt wird und den Kosten für die Netzwerkbandbreite, die von den Servern verwendet wird zusammen.

Tabelle 28: Bestimmung der TCO der einzelnen Applications, Quelle: Apptio Tool.

Für die Bestimmung der TCO der meisten IT-Service sind zudem Referenzdaten zu den Applications notwendig, insbesondere Angaben zu den Kosten für die Nutzungslizenzen der Software oder den Kosten der Software-Entwicklung (Projektkosten, inkl. der Kosten für die Server der Entwicklungsumgebung). Die Referenzdaten umfassen zudem Angaben zum Software-Hersteller, zur Anzahl der Nutzerlizenzen und zu den Nutzern aus den Fachbereichen.

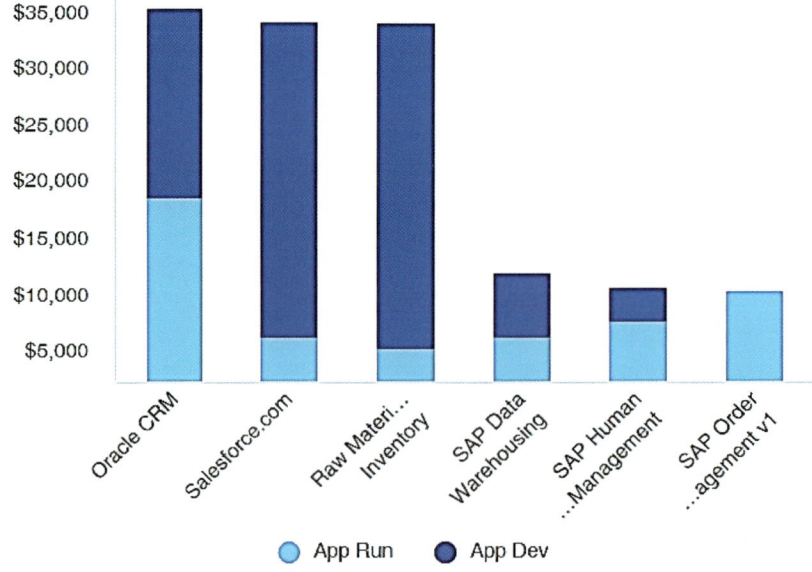

Tabelle 29: Gegenüberstellung der Kosten für den Applikationsbetrieb und Weiterentwicklung je Applikation, Quelle: Apptio Tool.

Nachdem diese Kostenbestimmung erfolgt ist lassen sich bereits wertvolle Vergleiche erstellen, wie eine Gegenüberstellung der Kosten für Software-Betrieb und -Entwicklung. Die Kostenverteilung der IT-Services auf die Business Services kann dann über die Nutzerzahlen der Fachbereiche erfolgen. Eine Schlüsselung kann auch auf Basis von Messwerten aus dem IT Service Management erreicht werden, z. B. anhand der Anzahl der für die einzelnen Fachbereiche bearbeiteten Service Requests. Die Definition eines möglichst verursachungsgerechten Schlüsselungsverfahrens bleibt als Herausforderung bestehen. Apptio schlägt dazu geeignete Kostenschlüssel vor, die Definition geeigneter Schlüssel ist jedoch unternehmensspezifisch zu beurteilen.

Applications Master Data	All Business Services	Servers Master Data	
Application Name	Service Name	CPU Cores	Cost
SAP Human Capital Managem...	Talent management	158	$30,511
Oracle CRM	Logistics & warehousing	2611	$103,305
Raw Materials Inventory	Logistics & warehousing	75	$99,335
Aspect eWorkforce Manageme...	Customer care	76	$9,157
Pay By Phone Service	Revenue accounting & reporting	100	$8,510
Acme.com	Customer care	1083	$10,825
SAP Order Management v1	Financial planning & analysis	203	$20,184
SAP Order Management v2.5	Revenue accounting & reporting	104	$12,429
SAP Order Management v4	Revenue accounting & reporting	208	$19,071
Cognos Enterprise Planner	Financial planning & analysis	33	$6,128
Total		**11510**	**$501,020**

Tabelle 30: Verteilung der Kosten für Applications auf nachgelagerte Business Services, Quelle: Apptio Tool.

Bei der Verteilung der Kosten der Business Services auf die Fachbereiche ist zu berücksichtigen, dass ein Fachbereich typischerweise mehr als einen Business Service nutzt oder dass sich Fachbereiche einzelne Business Services teilen.

Tabelle 31 visualisiert das Verfahren der Kostenzuordnung für die von den Fachbereichen konsumierten Business Services. Einem Fachbereich werden die Kosten der genutzten Business Services wie folgt zugewiesen:

- Kosten für Business Services, die ein Fachbereich ausschließlich nutzt, werden diesem direkt als Einzelkosten zugewiesen.

- Kosten für Business Services, die von mehreren Fachbereichen genutzt werden, werden über ein Schlüsselungsverfahren zugewiesen.

Auf der Ebene der Business Units können neben den Kosten für die von den Fachbereichen konsumierten Services auch Einzelkosten aus dem Informationsobjekt IT Resource Towers zugewiesen werden. Dies betrifft z. B. Kosten, die den IT-Services im Rahmen des dargestellten Kostenschlüsselungsverfahrens bisher nicht zugewiesen werden konnten, aber klar nachvollziehbar nur durch einen Fachbereich verursacht wurden. Eine solche späte Kostenzuordnung ist ein Indiz dafür, dass die Kostenzuordnung auf den unteren Stufen (IT Resource Towers, Infrastructure Services, Platform Services) unvollständig erfolgte.

Aus unserer Sicht sollten sich jegliche Kosten letztlich einem Business Service zuordnen lassen. Wenn dies nicht gelingt, ist das definierte IT-Serviceportfolio mit seinen Kostenträgern noch einmal genauer zu betrachten. Eventuell wurde die Definition eines IT-Services übersehen – oder es wurde schlichtweg vergessen, Kosten einem IT-Service zuzuordnen bzw. mit Hinblick auf den dafür entstehenden Aufwand davon abgesehen.

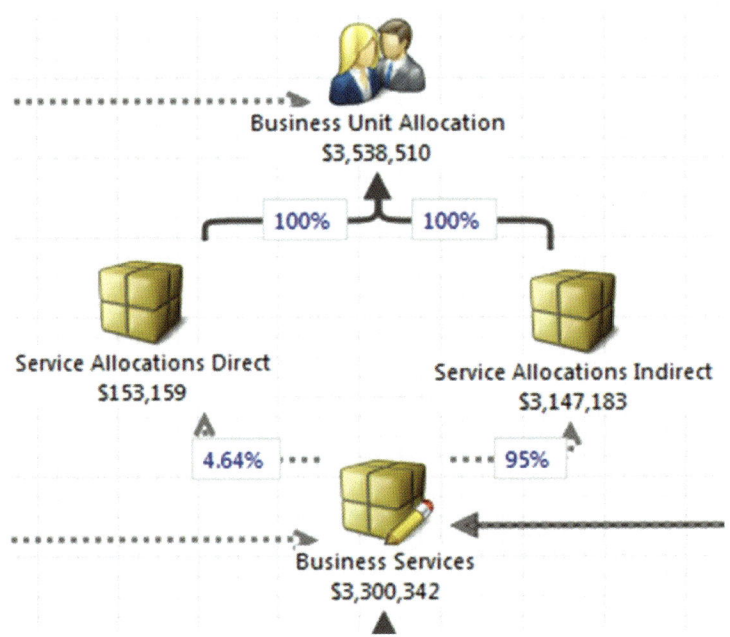

Tabelle 31: Zuordnung der Kosten für Business Application Services –
direkt und als Gemeinkosten, Quelle: Apptio (2016b)

Ein Beispiel für Kosten, die einer Fachabteilung eventuell erst spät und ohne Bezug auf einen IT-Service weiterberechnet werden, sind die Kosten für Mobiltelefongeräte. Diese können den Mitarbeitern eines Fachbereichs zwar eindeutig zugeordnet werden und sind in diesem Sinne als Einzelkosten eines Fachbereichs zu deklarieren. Wenn aber kein IT-Service für Telekommunikation etabliert wurde, erfolgt die Zuordnung entsprechend spät und außerhalb der Kaskade von aufeinander aufbauenden IT-Services.

Spätestens auf der Ebene der Business Services ist es notwendig, auch die in früheren Kapiteln dieser Publikation benannten Nutzen und Wertgrößen zu berücksichtigen. Grundsätzlich kann die Abbildung von Nutzen und Wertgrößen durch das Apptio-Toolset unterstützt werden. Sie sind aber kein fester Bestandteil von ATUM. Hier besteht aus unserer Sicht Nachholbedarf.

Apptio Cloud Cost Management

Die Apptio-Applikation Cloud Cost Management (CCM) dient zum einen der voll-umfassenden Ermittlung der Cloud-Kosten und zum anderen dazu, die Kontrolle über die Cloud-Kosten zu behalten.

Die Kostenmodelle für externe Cloud Services sind komplex. Die Vielfalt an unter-schiedlichen aus der Cloud zu beziehenden Produkten bzw. IT-Services beim Marktführer Amazon ist mittlerweile beachtlich. Die Amazon Web Services (AWS) umfassen mittlerweile Dutzende an unterschiedlichen IT-Services. Längst sind es nicht mehr nur die klassischen IT-Services für Compute, Data Management und Storage. Der AWS-Servicekatalog umfasst auch IT-Services für Virtual/Aug-mented Reality, Artifical Intelligence und Gaming.

⊞	Amazon RDS Service (US East (N. Virginia))	$	2484.45
⊟	Amazon RDS Service (EU (Frankfurt))	$	3149.70
	DB instances:	$	825.70
	Storage:	$	149.00
	I/O:	$	1785.00
	Backups:	$	190.00
	Inter-Region Data Transfer Out	$	200.00
⊞	AWS Support (Business)	$	563.23
	Free Tier Discount:	$	-1.90
	Total Monthly Payment:	$	6195.48

Tabelle 32: Berechnung der Kosten für den IT-Service RDS von Amazon,
Quelle: Amazon Website

Die monatlichen Kosten der einzelnen Services werden durch eine Vielzahl an Pa-rametern entschieden, deren Kostenauswirkungen nicht ad hoc verständlich sind. Beispielsweise haben die transferierten Datenmengen und die I/O-Zahl beim Re-lationalen Datenbank Service (RDS) einen erheblichen Einfluss auf die Kosten. Dies stellt eine Herausforderung dar. Die genaue Vorhersage dieser Zahlen ist schwierig. Es kann leicht zu unangenehmen, teuren Überraschungen kommen, wenn IT-Organisationen am Ende eines Monats ihre Rechnungen für die Nutzung von Cloud Services präsentiert bekommen.

Beispiel: Ein IT-Service bedient am Tag 50.000 Nutzertransaktionen. Wenn jede Nutzertransaktion im Durchschnitt sieben I/O-Aktionen auf dem RDS ausführt und diese I/O-Aktionen zudem leicht zeitver-setzt in einen Standby-RDS repliziert werden, erzeugt dies in einem Monat mit 30 Kalendertagen:

50.000 * 7 * 30 * 2 = 21.000.000 I/O-Aktionen.

Apptios CCM unterstützt Firmen dabei, Kontrolle über die Kosten für externe Cloud Services zu bewahren. Die dazu bereitgestellte Funktionalität unterstützt die ver-schiedenen Phasen, die Firmen bei der Auswahl und Nutzung von Cloud Services durchlaufen:

CCM hilft bei einer ersten Orientierung in der Frage, ob sich durch externe Cloud Services Kosten senken lassen. Durch die Apptio-Benchmark-Daten gelingt es Unternehmen, die sich in einer Entscheidungssituation bzgl. ihrer Cloud-Strategie befinden, eine Abschätzung möglicher Kosteneinsparungspotenziale durchzuführen. Zunächst werden die Benchmark-Daten unter Verwendung eigener Kosten- und Mengenabschätzungen mit den Preislisten der Anbieter von Cloud Services verglichen.

Sobald eine Indikation über bestehende Kostensenkungspotenziale vorliegt, kann die Analyse in einem zweiten Schritt konkretisiert werden. Die Kosten der intern bereitgestellten IT-Services werden anhand echter Kostendaten aus den Quellsystemen unter Verwendung des ATUM-Modells und möglichst verursachungsgerechter KLR-Regeln bestimmt. Die ermittelten Kosten werden erneut den Preislisten der Cloud-Services-Anbieter gegenübergestellt.

Dabei wird auch berücksichtigt, dass die Kosten zur Verwendung von Cloud Services höher liegen als die von den Cloud-Providern in Rechnung gestellten Kosten. Schließlich fallen auch bei der Nutzung von Cloud Services ergänzende interne Kosten an, so z.B. für interne IT-Leistungen im Kontext der Auswahl, Integration und Überwachung der Cloud Services. Erst nach der verursachungsgerechten Kostenermittlung für interne erbrachte IT-Services und Cloud Services kann eine richtungsweisende Entscheidung darüber getroffen werden, welche IT-Services zukünftig aus der Cloud bezogen werden sollen.

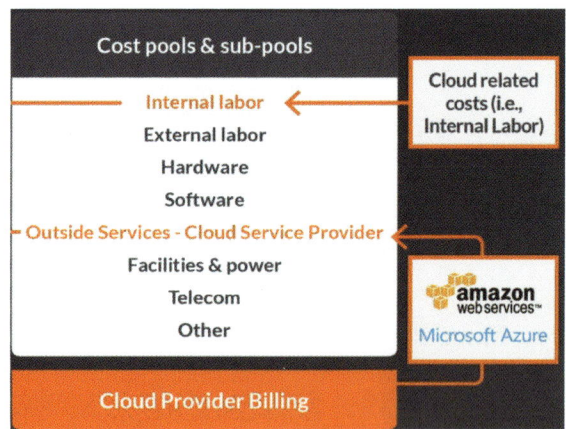

Tabelle 33: Umfassende Bestimmung der Cloud-Kosten unter Berücksichtigung intern erbrachter, ergänzender Leistungen, Quelle: Apptio (2017e)

Während der Nutzungsphase der Cloud Services bietet CCM hilfreiche Darstellungen zur Analyse der Cloud-Kosten. Dazu verwendet CCM die Rechnungsdaten der Cloud-Services-Anbieter und importiert diese in ATUM. Damit sind diese Kosten dann für eine weitergehende Verrechnung auf nachgelagerte IT-Services verfügbar. Die Abrechnungen der Cloud-Anbieter stehen dann nicht nur für den Vergleich mit intern bereitgestellten IT-Services bereit, sondern sind in das Gesamtmodell der Kostenallokation eingebunden. Die Zusammensetzung und der weitergehende Fluss der Cloud-Kosten können damit nachvollzogen und die Nachfrage nach Cloud Services entsprechend gesteuert bzw. die durch die Cloud-Nutzung verursachten Kosten optimiert werden. Dies geschieht auf dieselbe Weise wie mit intern verursachten IT-Kosten verfahren wird. Mittels CCM lässt sich die ineffiziente Nutzung von Cloud-Ressourcen identifizieren.

Die Integration der Kosten- und Nutzungsdaten der Cloud Services in Apptios Applikations-Suite und den TBM-Prozess ermöglicht Kostenkontrolle – insbesondere, wenn die Abrechnungen der Cloud Anbieter undurchsichtig und unverständlich sind. CCM erleichtert zum einen die Kostenüberwachung und -analyse und bietet zum anderen Argumente bei der Rechtfertigung des Einsatzes von Cloud Services. CCM ist eine richtungsweisende Applikation für den Einsatz von Cloud Services. Es unterstützt das IT Management sowohl im Vorfeld strategischer Sourcing-Entscheidungen als auch bei der Überwachung der Kostenimplikationen, die sich aus diesen Entscheidungen ergeben.

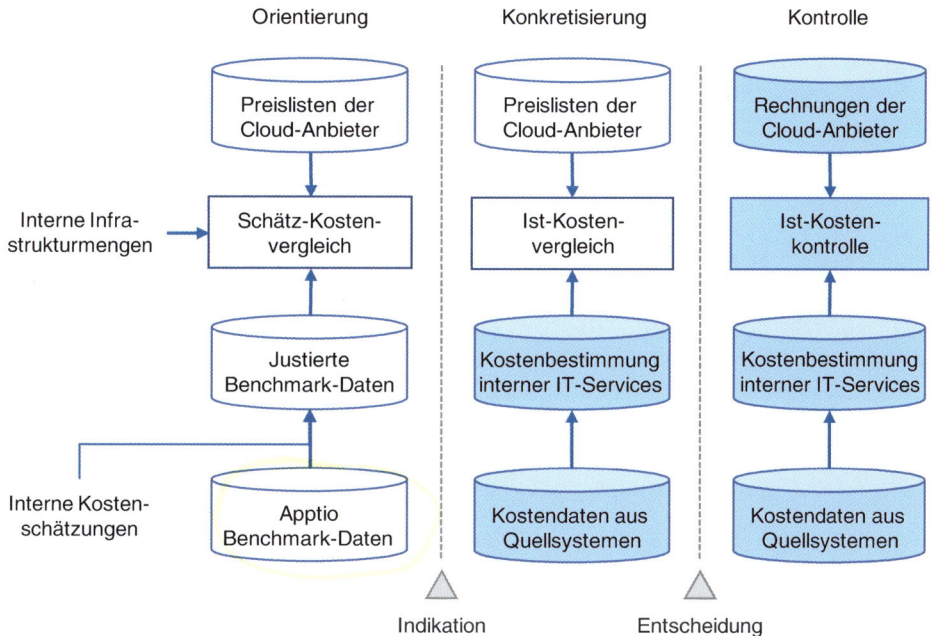

Tabelle 34: Einsatz von CCM bei der Kostenanalyse und Cloud-Kostenkontrolle, Dr. Fochler & Company (2018)

Ergänzende Apptio-Applikationen

IT Planning

Die Apptio-Applikation IT Planning kann als eigenständige Applikation oder in Kombination mit Cost Transparency eingesetzt werden. Sie ermöglicht die Planung der IT-Kosten und unterstützt den jährlich wiederkehrenden Zyklus der Budget-Bestimmung. Dieser Prozess ist in vielen IT-Organisationen sehr aufwendig und durch zahlreiche Versionen unterschiedlicher Excel-Sheets geprägt. Die Applikation IT Planning stellt hierzu eine Alternative dar.

Die bereitgestellte Funktionalität dient der Planung von Budgets für die einzelnen Technologiedomänen und IT-Services, der Generierung unterschiedlicher Budget-Szenarien und deren Gegenüberstellung mit den Zielen der Kunden. Etablierte

Planungsprozesse können unverändert abgebildet oder mit Orientierung an ATUM konfiguriert werden. Es ist möglich, Ist-Kostenwerte als Basis für die Planwerte zu verwenden. Zudem können die Planungen mehrerer Rechnungsperioden betrachtet werden, sodass sich dadurch auch die Varianz im Zeitverlauf darstellen lässt.

Die Ergänzung der Applikation Cost Transparency durch IT Planning bietet die Möglichkeiten, Ist- und Plan-Kosten während einer Rechnungsperiode vergleichend zu betrachten und Abweichungen frühzeitig entgegenzusteuern.

Bill of IT

Die Apptio-Applikation Bill of IT dient der Darstellung (showback) und Verrechnung (Chargeback) der IT-Leistungen gegenüber deren Nutzern. Damit soll das Bewusstsein geschaffen werden, dass die Nutzung von IT-Services Kosten erzeugt bzw. soll sich die IT-Organisation hinsichtlich Ihrer Kosten bei den Nutzern der IT-Services entlasten können. Durch die Kostendarstellung kann das Nutzerverhalten beeinflusst werden. Dies ist insbesondere dann zielführend, wenn die Verwendung eines teuren IT-Services durch einen alternativen, kostengünstigeren IT-Service mit vergleichbarem Nutzen substituiert werden kann.

Bill of IT ermöglicht auch die Automatisierung wiederkehrender Aufgaben in diesem Kontext, so z. B. die regelmäßige Versendung von Kostenberichten mit den für die jeweiligen Nutzer der IT-Services relevanten Kosten- und Nutzungsmengeninformationen. Die regelmäßigen Berichte liefern zudem Details zur Qualität der durch die Nutzer bezogenen IT-Services und Informationen zur Kosten- und Leistungsvarianz gegenüber vorhergehenden Abrechnungsperioden.

Business Insights

Business Insights ermöglicht eine tiefgreifende Analyse des IT-Service- und Lieferantenportfolios. Apptio spricht in diesem Zusammenhang von „Rationalizing" und meint damit die Gewinnung von Erkenntnissen, die der Umstrukturierung des Portfolios dienen und eine Effizienzsteigerung durch Kostensenkung ermöglichen.

Business Insights gliedert sich in drei Apptio-Applikationen:

- Infra & App Insights,
- SaaS Insights und
- Vendor Insights.

Infra & App Insights stellt die Kosten der einzelnen IT-Services und deren Nutzung gegenüber. Dadurch wird ersichtlich, welche IT-Services redundant positioniert sind oder unzureichend genutzt werden. Daraus lässt sich ableiten, welche IT-Services stärker gefördert oder alsbald ersetzt werden müssen. Infra & App Insights greift bei diesen Analysen auf das im ATUM enthaltene Kosten- und Mengengerüst für die einzelnen IT Towers und IT-Services zu.

SaaS Insights setzt den Fokus auf die Nutzung von SaaS-Produkten. Apptio ermöglicht damit die Analyse einiger weitverbreiteter SaaS-Produkte wie Office365, Salesforce, ServiceNow und WorkDay. Der Fokus liegt insbesondere auf der Gegenüberstellung von erworbenen und genutzten SaaS-Lizenzen. Diese Darstellungen lassen sich zwar auch aus den Admin-Dashboards der SaaS-Anbieter ablesen. Es ist aber durchaus sinnvoll, diese Informationen im Kontext der sonstigen

Kostenanalysen zu betrachten. Der Integration der SaaS-Kosten und Nutzungs-zahlen kommt zudem eine besondere Bedeutung zu, da laut Marktforschungsun-ternehmen wie Forrester und IDC in diesem Marktsegment – wie auch im Cloud-Segment (IaaS, PaaS) – eine starke Steigerung der Nutzungsraten zu erwarten ist.

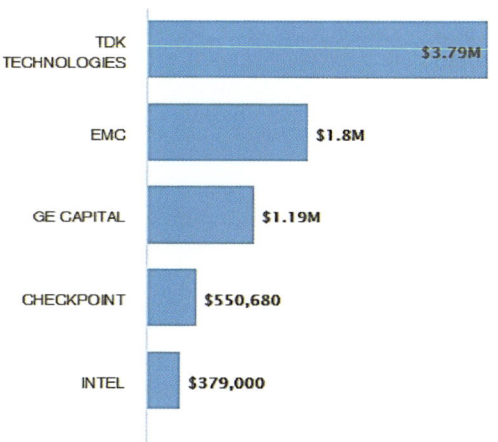

Top 10 Vendors Spend

Top Vendors Spend Details

Parent Vendor Name	Vendor Type	YTD Vendor Spend ▼
TDK Technologies, LLC		
TDK Technologies, LLC	Transactional	$3,786,431
TDK Technologies, LLC Subtotal		**$3,786,431**
Dell EMC		
Dell EMC	Transactional	$1,649,410
Dell EMC	Transactional	$147,500
Dell EMC Subtotal		**$1,796,910**
GE Capital Services		
GE Capital Services	Transactional	$1,190,874

Tabelle 35: Beispielhafte Listung von Lieferanteninformationen in der Applikation Vendor Insights, Quelle: Apptio Tool.

Vendor Insights befasst sich mit der Analyse und Überwachung aller Geschäftsbe-ziehungen mit IT-Lieferanten. Die bereitgestellte Funktionalität kann für folgende Aufgaben verwendet werden:

- Beurteilung des Lieferanten-Portfolios,
- Kontrahierung neuer Lieferanten,
- Steuerung der Lieferantenkosten und -leistungen,
- Aktualisierung der Vertragsbeziehungen,
- Beendigung von Lieferantenverträgen.

Vendor Insights setzt den Fokus auf die Ausgaben und Leistungen im Kontext von Lieferantenverträgen. Dazu werden Lieferantenverträge übersichtlich dargestellt. Dies ist hilfreich, denn die Anzahl an Lieferantenbeziehungen ist in einigen IT-Or-ganisationen hoch und die Beziehungen sind komplex. Es ist dann nicht ad hoc ersichtlich, welche Bereiche der eigenen IT-Organisation bereits Verträge mit ei-nem Lieferanten unterhalten oder wie einzelne Lieferanten in schwer durchdring-baren Firmenverflechtungen miteinander verbunden sind. Fehlende Transparenz schwächt die Verhandlungsmacht für Auftraggeber. In solchen Situationen kann Vendor Insights sinnvoll unterstützen. Es bringt Klarheit in die Leistungsbeziehun-gen und liefert eine gute Informationsbasis für die Nachverhandlung von Preisen. Wichtige Informationen zu Vertragslaufzeiten und den Abhängigkeiten zwischen Verträgen und IT-Services werden übersichtlich abgebildet. Bestehende, vertrag-lich vereinbarte Auftragsvolumina können zeitnah hinsichtlich ihrer Erfüllung (ge-samtes vs. genutztes bzw. offenes Auftragsvolumen) geprüft werden.

Vendor Insights kann sowohl als Erweiterung zu anderen Apptio-Applikationen wie Cost Transparency als auch als eigenständige Applikation verwendet werden. Es ist also nicht zwingend erforderlich, andere Apptio-Applikationen und ATUM vorab einzuführen. Der Fokus von Vendor Insights liegt auf den Lieferantenverträgen bzw. deren Volumen – weniger auf der Schlüsselung der Kosten. Da auf dieser Ebene kein Benchmarking stattfindet, wird die Taxonomie nicht benötigt. Vendor Insight erfordert dennoch eine Datenversorgung aus bestehenden Drittsystemen wie z. B. SAP. Die Einführungsphase für Vendor Insights wird von Apptio mit ca. drei Wochen angegeben.

IT Benchmarking

Die Apptio-Applikation IT Benchmarking ermöglicht IT-Organisationen einen unternehmensübergreifenden Vergleich. Das hilft bei der Einschätzung der eigenen Lage und beantwortet wichtige Fragen, z. B.: Wieviel investieren vergleichbare Unternehmen in bestimmte Technologiedomänen?

Durch das Benchmarking wird zum einen die IT-Kosteneffizienz geprüft, zum anderen können damit aber auch Budgets gerechtfertigt werden. Durch den Vergleich verdeutlicht sich beispielsweise die Bedeutung von Investitionen in bestimmte IT-Services, wenn dadurch die Kostenstruktur dieser IT-Services verbessert werden kann.

Apptio stellt mit der Benchmarking-Funktionalität die Möglichkeit zur Auswahl sogenannter Peer Groups bereit. Das ist sinnvoll, da sich IT-Kosten je nach Wirtschaftsraum, Branche und Unternehmensgröße signifikant unterscheiden können und ein Kostenvergleich unter Verwendung eines möglichst sinnvollen Bezugsrahmens erfolgen sollte.

Grundsätzlich stellt die Bereitstellung eigener Daten als Beitrag zur Benchmark-Basis für viele Unternehmen eine Herausforderung dar. Die Abwägung von Risiko und Nutzen ist daher notwendig. Nach unserer Einschätzung überwiegt der Nutzen, der sich daraus für IT-Organisationen ergibt.

Apptio Management Dashboards und Reports

Die Verwendung eines TBM-Tools soll die Verarbeitung von IT-Kosten-, Nutzungs- und Lieferantendaten automatisieren. Das Ziel besteht aber letztlich in der Darbietung und Analyse der Verarbeitungsergebnisse sowie den daraus ableitbaren Handlungen. Diese sind neben der verursachungsgerechten Verrechung der IT-Leistungen auch deren Optimierung (z.B. durch Kostenreduktion oder Leistungsverbesserung).

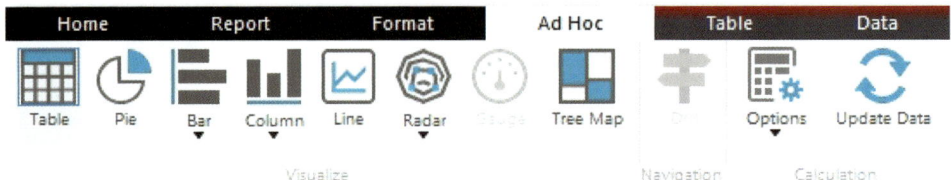

Tabelle 36: Menüausschnitt des Apptio Studios zum Einfügen tabellarischer und grafischer Komponenten in den Reports, Quelle: Apptio Tool.

Die Darbietung und Analyse der Verarbeitungsergebnisse erfolgt mittels Management Dashboards und Reports. Dies sind die Werkzeuge, mit denen sich spezifische Sichten auf die in ATUM gehaltenen Daten gestalten lassen. Zur Erstellung der Management Dashboards und Reports bietet das Apptio Tool mannigfaltige Möglichkeiten - ähnlich dem Funktionsumfang von Microsoft Excel. Zudem enthält das Tool zahlreiche Reports "out of the box".

Die Anwender greifen auf die Reports im Ansichtsmodus zu. Reports werden dazu sinnvollerweise zielgruppenspezifisch in sogenannten Report Collections gebündelt, also z.B. für CIOs, Account- und Service Manager oder Abteilungsleiter der einzelnen IT Towers. Die Bündelungen von Reports mit den wichtigsten KPIs, Grafiken und Tabellen für die oberen Führungsebenen kann als Management Dashboard bezeichnet werden. Der Zugriff auf die Reports wird über ein rollenbasiertes Berechtigungskonzept gesteuert.

Reports werden von spezifisch geschulten Nutzern bzw. Tool-Experten erstellt und angepasst. Die Werkbank dafür ist das TBM Studio. Reports setzen sich u.a. aus folgenden Komponenten zusammen:

- KPIs, d.h. numerische Leistungswerte,
- Tabellen,
- grafischen Darstellungen.

Die in den Reports dargebotenen Daten können über Filter und Picklisten selektiert werden. Mittels Buttons lassen sich ergänzende Interaktionsmöglichkeiten der Anwender implementieren.

√x % Variable Cost

√x Annual CapEx

√x Annual Cost

√x Annual IT Resource Tower Quan...

√x App Dev

√x App Dev Budget

√x App Dev Cost

✖ App Dev_Budget

✖ App Dev_CapEx

✖ App Dev_CapEx Budget

✖ App Dev_Cost

√x App Run

√x App Run Budget

Tabelle 37: Auszug verfügbarer Metrics im Apptio Studio, Quelle: Apptio Tool.

Das Apptio Tool stellt eine umfassende Bibliothek an vorgefertigten KPIs bereit. Es ist die Aufgabe geschulter TBM-Analysten, die bedeutendsten und aussagekräftigsten KPIs für jede Zielgruppe zu ermitteln. Die Vielzahl der zur Verfügung stehenden KPIs macht diese Bestimmung nicht einfach.

Die Daten der Reports werden aus ATUM bezogen. Konkret sind das folgende tool-interne Quellen:

- Tables: Tabellen mit den originären bzw. transformierten Kosten- und Mengendaten.
- Metrics: Mittels mathematischer bzw. statistischer Verfahren verarbeitete Kosten- und Mengendaten. KPIs sind eine Untermenge der Metrics.
- Perzeptives: Sichten auf das ATUM bzw. Gruppierungen von Datenfeldern und Metriken.
- Time: Zeitreihen, d. h. Veränderungen von Kosten und Mengen im Zeitverlauf.

Die Konfiguration eines Reports erfolgt über die Festlegung der Inhalte von Spalten, Reihen und Zellen sowie der Festlegung von Filtern zur Datenselektion. Komplexere Datenstrukturen lassen sich mittels einer Pivot-Tabellenfunktionalität darbieten. Tabelleninhalte können gruppiert und über die Gruppen können Zwischensummen gebildet werden.

Tabelle 38 zeigt die Maske zur Report-Konfiguration. Die Auswahl der Daten bzw. Informationsobjekte erfolgt per einfachem Drag & Drop auf die Werkbank zur Gestaltung der Reports.

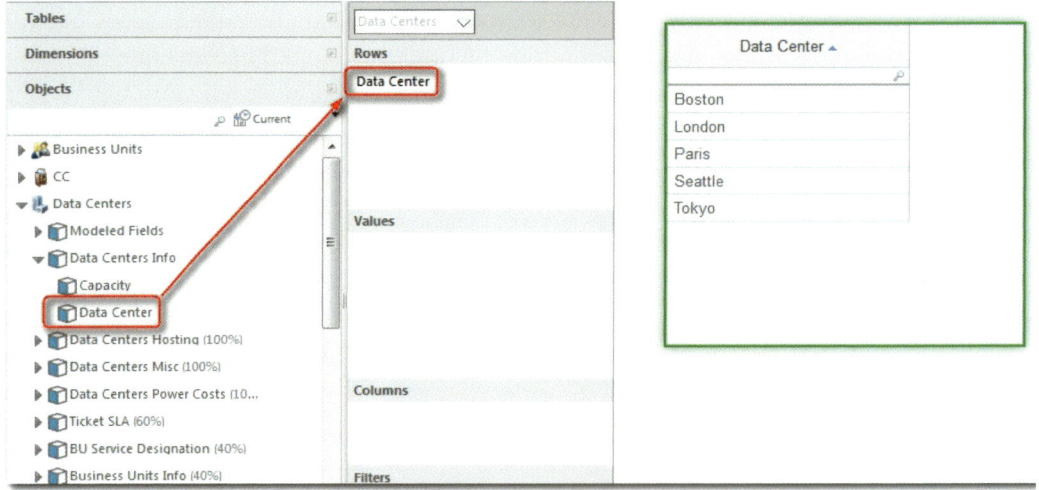

Tabelle 38: Beispielhafte Konfiguration der Dateninhalte eines Reports,
Quelle: Apptio Tool

Die Tabellen der Reports können um Datenfelder ergänzt werden, wobei die Berechnungen im Rahmen der Reports und nicht auf der Ebene der Metrics erfolgt. Typische Berechnungen im Rahmen des Reportings sind

- Bestimmung der Anzahl,
- Summenbildung,
- Prozentrechnung,
- Berechnung von Abweichungen (Soll-Ist-Vergleich),

- Überprüfung von Schwellwerten zwecks Abbildung grafischer Signale (Rot-Grün-Ampeln),
- kalendarische Summe (fiscal year, year-to-date etc.).

Bei der Konfiguration und Gestaltung der Reports werden zudem ergänzende mathematische und statistische Funktionen der Trendanalyse angeboten:

- Multiple lineare Regression,
- Polynominale Regression,
- gleitende Mittelwerte.

Die Regressionsfunktionen werden zudem mit verschiedenen Glättungsgraden angeboten.

Tabelle 39: Beispiel einer kalendarischen Summenbildung (year-to-date),
Quelle: Apptio Tool

Das Reporting liefert die Ergebnisse, die den Einsatz eines TBM-Tools rechtfertigen sollen. An das Reporting werden hohe Ansprüche gestellt:

- Die Ergebnisse müssen nachvollziehbar hergeleitet werden, sonst werden diese von der Zielgruppe angezweifelt. Dazu müssen den Anwendern Möglichkeiten zur interaktiven Nutzung der Reports, in der Gestalt von Filtern und Schiebereglern und Drill-down Optionen geboten werden.
- Die Report-Ergebnisse werden in Real-Time erwartet, d.h. es werden hohe Ansprüche an die im Hintergrund arbeitende Business Intelligente Engine und Datenbank gestellt.
- Die wichtigsten KPIs müssen sich im Zeitverlauf in Form von Zeitreihen darstellen, um so Trendanalysen zu ermöglichen.
- Die Report-Ergebnisse müssen sich mit Benchmark-Werten vergleichen lassen, um so ad-hoc Aussagen zum Kosten- und Leistungsniveau im unternehmensübergreifenden Vergleich zu ermöglichen.

Das Apptio Tool ermöglicht die oben genannten Aspekte und unterstreicht damit letztlich auch sein marktführende Position.

Willkommen in der neuen Welt des IT Management

Wir freuen uns, dass wir Ihnen die Disziplin des Technology Business Management vorstellen durften. Wir hoffen, dass es uns gelungen ist, Ihnen einige richtungsweisende Impulse zu geben. Die vorliegende Publikation kann bestenfalls als Einstieg in das komplexe Thema dienen. Sie sollte Ihnen die Zielsetzungen des TBM-Konzepts und seine Bedeutung für das Management von IT-Organisationen verdeutlichen.

Besonders erfreulich wäre es, wenn Sie nach der Lektüre für sich erkannt hätten, dass im IT Management neben technologischem Verständnis und Digitalisierungsvisionen eben auch das „Zählen, Messen und Wiegen", also die Ermittlung und die Kommunikation von Kosten und Wert der IT-Leistungen, von hoher Bedeutung sind. Nur so lassen sich fundierte unternehmerische Entscheidungen treffen.

Legen Sie los! TBM wird Ihnen helfen, Ihre IT-Organisation besser zu positionieren und wettbewerbsfähig zu bleiben. Vielleicht ist es der Impuls, der Sie persönlich in Ihrer Karriere als Führungskraft auf das „Next Level" hebt. Wir wünschen Ihnen viel Erfolg bei der Umsetzung.

Quellenverzeichnis

Kurzreferenz	Quelle
Apptio (2014a)	Apptio ATUM White Paper v2
Apptio (2014b)	Cost Transparency Foundation Configuration Guide R12. Cost Transparency Apps and Services Installation
Apptio (2015a)	Cost to Value. Optimize GTM: Value Card
Apptio (2015b)	Technology Business Management with Apptio & SAP
Apptio (2016a)	Apptio TBM Studio Reporting v12
Apptio (2016b)	Cost Transparency Configuration Guide - About the Cost Transparency application
Apptio (2106c)	Apptio Partner Demo. Understand & communicate IT Value
Apptio (2017a)	Apptio Vendor Insights
Apptio (2017b)	Business Insights Vendor Datasheet
Apptio (2017c)	Cost Transparency Foundation Configuration Guide R12 – Enablement Services
Apptio (2017d)	TBM4Cloud– Config Guide
Apptio (2017e)	Apptio – Mapping Cloud Costs to a Standard IT Cost Model [14.11.2017]
Apptio (2018)	Bereitgestellt von Apptio Inc. [30.07.2018]
Detecon Consulting (2016)	IT-Controlling v14
Digital Fuel (2017)	As Business Evolves, ITFM and TBM Are Not Enough: Managing Technology Business Value is Critical as the Business Evolves
Forrester Research Inc. (2015)	Apply Technology Business Management to Shift from Tech Cost To a Tech Value Conversation Continuous Improvement: I&O Transformation Playbook
Information Services Group, Inc.	www.isg-one.com/index/module-article-detail/technology-business-management-(tbm)-DE [26.06.2018]
ITIL v3 (2011)	Service Strategy
Kütz, M. (2013)	IT-Controlling für die Praxis – Konzeption und Methoden, 2. Auflage, Heidelberg, dpunkt.verlag 2013
Lindinger, M. (2010)	IT-Servicemanagement – Compliance und Wirtschaftlichkeit in der IT
National Institute of Standards and Technology (2017)	www.nist.gov/sites/default/files/documents/2017/05/12/doc2017financialmanagementconference-tbm.pdf [26.06.2018]
TBM Council (2015)	TBM Council Board Meeting, Bardessono Hotel [16.05.2015]
Tucker, T., TBM Council (2016)	Technology Business Management: The Four Value Conversations CIOs Must Have with Their Business
TBM Council (2018)	TBM Taxonomy v3.0 (Oktober 2018). www.TBMConnect.org [15.12.2018]

Kurzreferenz	Quelle
Wikipedia o. V.	https://de.wikipedia.org/wiki/Technology_Business_Management [26.06.2018]
Wikipedia o. V.	https://en.wikipedia.org/wiki/Financial_management_for_IT_services [26.06.2018]

14498187R00036

Printed in Germany
by Amazon Distribution
GmbH, Leipzig